MIKROBIOLOGIE
HYGIENE

2. überarbeitete Auflage

ISBN 3-929915-04-9

Karl Heinz Herzog
Karolinenstr. 38
90 763 Fürth/Bay.
Fax: 0911/ 77 67 94

Vorwort

Auch hier endlich die zweite Auflage. Lange genug war es ja vergriffen, aber dafür haben wir uns auch hier nicht darauf beschränkt einfach nachzudrucken, sondern wir haben den gesamten Satz neu bearbeitet. Frau Dr. Rommelfanger hat noch die eine oder andere Bemerkung hinzugefügt, aber inhaltlich hat sich an den Fragen nichts geändert.

Im Anschluß an den Index haben wir unsere Paukseminartermine für 95 abgedruckt. Die ersten Anmeldungen liegen schon wieder vor, also empfiehlt sich frühzeitig die Planung der Prüfungsvorbereitung, der Prüfung und last not least des Urlaubs.Verdient haben Sie ihn sich dann ja.

Wir möchten auch darauf hinweisen, daß ab 1.1.95 definitiv die neue Prüfungsordnung für Bayern gilt.In einigen Bundesländern war das ja schon früher der Fall, aber jetzt ist es eben auch hier soweit. Wir werden natürlich auch weiterhin bestrebt sein Ihnen mit Prüfungsvorbereitung zur Seite zu stehen. Wenn die Zeit reicht werden wir Ihnen so zwischen zwei Büchern auch mal wieder einen Verlagsprospekt zukommen lassen.

Für Anfragen, Prüfungsprotokolle, Weiterbildung (*für die, die's geschafft haben*)und Prüfungsvorbereitung stehen wir Ihnen wie üblich unter unserer Adresse zur Verfügung. Dann wünschen wir Ihnen hiermit wieder einmal viel Spaß mit den folgenden Seiten....

Fürth, im September 94

P. Rommelfanger

K.H. Herzog

Therapie, Therapiehinweise, Tips für die Praxis.

schlechte Prognose

gute Prognose

Hinweise, Tips oder auch wichtiges für die Prüfung was nirgendwo steht aber schon nützlich war.

➠ Wiederum Hinweise (*Sie sehen, das taucht öfter auf*), diesmal eher technische Hinweise, Querverweise auf andere Themen oder Fragen, bzw. auch ... daraus folgt, ... das führt zu ...

Komplikationen, auch **ACHTUNG!** oder Vorzeichen für ernstere Zwischenfälle.

● Aufzählungen, wichtige Punkte (die z. T. auch schon wörtlich so gefordert wurden!)

○ ebenfalls Aufzählungen, aber thematisch untergeordnet (im Sinne der Frage)

Neu im Verein: Beschwerden des Patienten, Anamnese.

Labor; Befunde.

klinische Erscheinungen oder auch Praxistips.

bei diesem Symbol sollte Ihnen ein Licht aufgehen. Meist handelt es sich um pathophysiologische Fakten.

hier sollten Sie nachsehen bei ...

ganz besonders wichtig für Sie: **BEHANDLUNGSVERBOT !!**

§§ das gehört ebenfalls zur **... GESETZESKUNDE !!**

Zu guter letzt noch ein ➠ für den Index, der auch zum Lernen gedacht ist. Die fetten Zahlen sind Fragen, in denen das Stichwort verlangt wird, normal gedruckte Zahlen verweisen auf einen Kommentar.

1) **Welcher prinzipielle physiologische Unterschied besteht zwischen Bakterien und Viren?**

Antwort:

☒ Bakterien haben einen eigenen Stoffwechsel, Viren nicht.

- **BAKTERIEN** gehören zu der Gruppe der **PROKARYONTEN**.
  Das bedeutet, daß sie zu einer stammesgeschichtlich sehr alten Gruppe von Lebewesen gehören und eine andere Zellstruktur besitzen wie die Gruppe der Eukaryonten.

  *Zu den Eukaryonten gehören **PILZE, EINZELLER** und alle „üblichen" **PFLANZEN-** und **TIER-ZELLEN**. Wenn Sie ihr Lehrbuch aufschlagen und „Die Zelle" nachlesen, ist dort immer eine eukaryonte Zelle abgebildet.*

  Zu den **PROKARYONTEN** gehören alle Bakterien und niedere Formen von Algen.
  Sie besitzen **KEINEN** eigentlichen **ZELLKERN**, d. h. ihre DNA liegt frei im Zytoplasma und ist nicht, wie bei der „normalen" Zelle - der eukaryonten Zelle - von einer **KERNMEMBRAN** umgeben.
  Ihre **ZELLUMHÜLLUNG** ist ebenfalls anders aufgebaut: sie besitzen z. T. eine besondere **ZELLWAND**.
  Desweiteren fehlt ihnen ein mitotischer Apparat (*die Teilungsspindel*), sie können keinen Nucleolus aufbauen und haben weder Mitochondrien noch Chloroplasten, d. h. die Bakterienzelle besitzt einen anderen Stoffwechsel.

☞ *Was Bakterien aber dennoch können, ist, in eigener Regie Energie (ATP) zu produzieren und sich zu teilen.*

- Im Gegensatz dazu sind **VIREN** eigentlich nur eine Ansammlung von

  - **NUKLEINSÄURE,**
  - **EIWEISSEN** und
  - **FETTEN.**

Von manchen Wissenschaftler werden die Viren der toten Materie zugeordnet.

Ein Virus besitzt überhaupt **KEINE ZELLEIGENSCHAFTEN**

  - **KEINE STOFFWECHSEL,**
  - **KEINE EIGENE ENERGIEPRODUKTION,**
  - **KEINE REPRODUKTION.**

Wenn sich Viren vermehren, benötigen sie eine Wirtszelle, die ihnen Energie (*ATP*) und ihre Zellorganellen zur Verfügung stellt.

☞ *Ein ganz wesentlichen Unterschied in der Vermehrung besteht noch darin, daß die neuen Viren aus* ***EINZELFRAGMENTEN*** *zusammengebaut werden, und nicht, wie bei lebenden Zellen, vorhandenes Material in 2 Teile geteilt wird. Dieses Zusammenbauen neuer „Biomakromoleküle" gibt es ausschließlich bei Viren.*

2) Ordnen Sie das mikroskopische Bild jeweils einer Erregergruppe zu:

a) gram+, kettenförmige Anordnung
b) gram+, haufenförmige Anordnung
c) runde Bakterien, paarweise Anordnung
d) dünne, schraubenförmige Bakterien in Bewegung
e) veränderlich, ohne besondere Zellform

1) Spirochäten
2) Streptokokken
3) Mykoplasmen
4) Neisserien
5) Staphyllokokken

Antwort:

☒ a - 2
☒ b - 5
☒ c - 4
☒ d - 1
☒ e - 3

Bakterien kann man u. a. nach dem **MIKROSKOPISCHEN BILD** einteilen:

① die Einteilung bezüglich der **FÄRBEMETHODE**.

- Die Färbung nach **GRAM**.

  Hierbei werden die hitzefixierten Präparate zunächst

  - mit **KRISTALLVIOLETT** oder einer ähnlichen Substanz gefärbt, anschließend wird die Farbe
  - mit **LUGOL'SCHER LÖSUNG** (*Jodkalilösung*) abgespült.
  - Dann entfärbt man mit **ALKOHOL** oder einer Alkohol-Aceton-Lösung und
  - färbt zum Schluß das Präparat mit **FUCHSIN** gegen.

Bakterien, die eine **DICKE ZELLWAND** haben, werden nicht durch Alkohol entfärbt - sie erscheinen unter dem Mikroskop **BLAU-VIOLETT** und werden als **GRAMPOSITIV** bezeichnet.

Bakterien mit **DÜNNEN ZELLWÄNDEN** sind bei der Gramfärbung entfärbt worden; die Gegenfärbung mit Fuchsin dient dazu, um sie überhaupt sichtbar zu machen. Sie erscheinen unter dem Mikroskop **ROSA** bis rot - **GRAMNEGATIV**.

- Eine ganz spezielle Färbemethode ist die Färbung nach **ZIEHL-NEELSEN**.Das Prinzip ist dasselbe wie bei der Gramfärbung, nur wird hierbei der Farbstoff nicht mit Alkohol, sondern mit **SÄURE** herausgewaschen. Nur ganz wenige Bakterien lassen sich nicht durch Säure entfärben (*sind* ***„SÄUREFEST“***)

➡ die **MYKOBAKTERIEN**.

② die Einteilung bezüglich der **FORM**.

- **RUNDE** Bakterien heißen **KOKKEN**,
- „nicht runde", also **LÄNGLICHE** heißen **STÄBCHEN**.

Für Sie interessante **GRAMPOSITIVE KOKKEN** sind Staphyllokokken und Streptokokken.

ⓑ ● **STAPHYLLOKOKKEN** (= *Haufenkokken*) liegen immer in Haufen zusammen,
ⓐ ● **STREPTOKOKKEN** (= *Kettenkokken*) liegen immer in Ketten angeordnet vor.

Bei der Streptokokken gibt es allerdings extrem kurze „Ketten", die nur aus 2 Kokken bestehen (*Streptokokkus pneumoniae*).

Die unterschiedliche Anordnung der Kokken unterm Mikroskop leitet sich aus ihrem Teilungsverhalten ab: Haufenkokken teilen sich wahllos in allen Raumebenen, Streptokokken teilen sich immer nur in einer Orientierung - wenn Sie sich einen Kokkus vorstellen, der sich in der Orientierung von „oben nach unten" in zwei Kokken teilt und diese wieder in der selben Orientierung in wieder 2, dann entsteht eine Kette.

ⓒ ● Kokken, die immer zu zweit zusammenliegen, heißen **DIPLOKOKKEN**.

Für Sie interessante Diplokokken sind, der oben erwähnte

- **STREPTOKOKKUS PNEUMONIAE** (*GRAMPOSITIV*) oder
- **NEISSERIEN** (*GRAMNEGATIV*).

Neisserien sind die Erreger von Meningitiden und von Gonorrhoe.

ⓓ In der Gruppe der **GRAMNEGATIVEN STÄBCHENBAKTERIEN** fallen einige Formen dadurch auf, daß sie einen regelrecht schraubenförmigen Körper besitzen.

- **SCHRAUBENFÖRMIGE** Bakterien mit starrer Zellwand nennt man **SPIRILLEN,**
- schraubenförmige Bakterien mit flexibler Zellwand, die sich bewegen können, nennt man **SPIROCHAETEN.**

Zu den Spirochaeten gehören z. B.

- **TREPONEMA PALLIDUM,**
- **BORELLIEN** und
- **LEPTOSPIREN.**

ⓔ ● Gramnegative Bakterien, die unterm Mikroskop eine variable, aber im wesentlichen bläschenförmige **GESTALT** haben, heißen **MYKOPLASMEN.**
Sie besitzen keine Zellwand und sind daher meist intrazellulär (*in anderen Zellen*) anzutreffen.

Zu dieser Gruppe gehören die

- **RICKETTSIEN** und
- **CHLAMYDIEN.**

Mit dem Mikroskop und den Färbemethoden kann man eine Eingrenzung der in Frage kommenden Krankheitserreger vornehmen.
*Die genaue Klassifizierung erfolgt meist **SEROLOGISCH**, d. h. es werden **ANTIKÖRPER** im Blut des Erkrankten untersucht.*

3) Beurteilen Sie die beiden Aussagen und die Verknüpfung:

Bakterien, die Plasmide enthalten, sind potentiell infektiöser,

weil

Plasmide die Information zur Spaltung von Antibiotika enthalten können.

A) Beide Aussagen und die Verknüpfung sind richtig.
B) Nur beide Aussagen sind richtig.
C) Nur die erste Aussage ist richtig.
D) Nur die zweite Aussage ist richtig.
E) Keine Aussage ist richtig.

Antwort:

☒ Lösung A.

PLASMIDE sind zusätzliche Abschnitte von DNA, die in der Bakterienzelle im Plasma liegen.

Ein Bakterium, das Plasmide enthält, kann flexibler, schneller und besser auf sich ändernde Umweltbedingungen reagieren ...

➠ es ist somit überlebensfähiger.

Plasmide enthalten stets **NUR ZUSÄTZLICHE INFORMATIONEN** für die Zelle; alle Basisinformationen sind im **BAKTERIENCHROMOSOM** (*dem Kernäquivalent*) gespeichert.

Medizinisch interessant sind Plasmide deshalb, weil sie in der Tat die

- Information über die Spaltung und damit **INAKTIVIERUNG VON ANTIBIOTIKA** enthalten können.

Sie können aber genauso die Information über eine

- **HAFTFÄHIGKEIT AM FLIMMEREPITHEL** und an **SCHLEIMHÄUTEN**, oder die
- Aktivierung besonderer Stoffwechselwege (*und damit* ***EXOTOXINPRODUKTION***) enthalten.

Medizinisch gesehen sind Bakterien, die Plasmide enthalten, schwerer zu bekämpfen und verursachen leichter Infektionskrankheiten.

Die Plasmidübertragung kann mittels

- **PHAGEN**, durch
- **DIREKTEN ZELLKONTAKT** oder durch
- Abgabe/Aufnahme von **GELÖSTER DNA** aus der Umgebungsflüssigkeit geschehen.

📖 **siehe Frage # 7**

Interessant dabei ist, daß es durchaus möglich ist, daß Plasmide an **UNTERSCHIEDLICHE** Bakterien-**ARTEN** weitergegeben werden.

☞ Deshalb sind im Krankenhaus so viele verschiedenen Keime gegen Antibiotika resistent (*und es werden immer mehr*).

➠ **ANTIBIOTIKA - RESISTENZ.**

4) Worin bestehen die Unterschiede zwischen grampositiven und gramnegativen Bakterien?

Antwort:

☒ Grampositive und gramnegative Bakterien haben einen unterschiedlichen Zellwandaufbau.

- **GRAMPOSITIVE BAKTERIEN** besitzen um ihre Zellmembran herum ein riesiges 3-D-Makromolekül:
  - das **MUREIN**.

Das Murein besteht aus Eiweiß und Zucker in regelmäßiger Anordnung und umschließt vollständig das Bakterium. Die grampositiven Bakterien sind quasi **GEPANZERT**.

Etliche Antibiotika (*und auch das Lysozym aus dem Speichel und der Tränenflüssigkeit*) lösen Murein auf oder verhindern seine Synthese. Dadurch wird das Bakterium verletzlich und kann durch körpereigene Immunmechanismen unschädlich gemacht werden.

Die **GRAMFÄRBUNG** beruht auf dem Effekt, daß sich der Farbstoff Kristallviolett aus dem Mureinmolekül **NICHT DURCH ALKOHOL HERAUSWASCHEN LÄSST**.

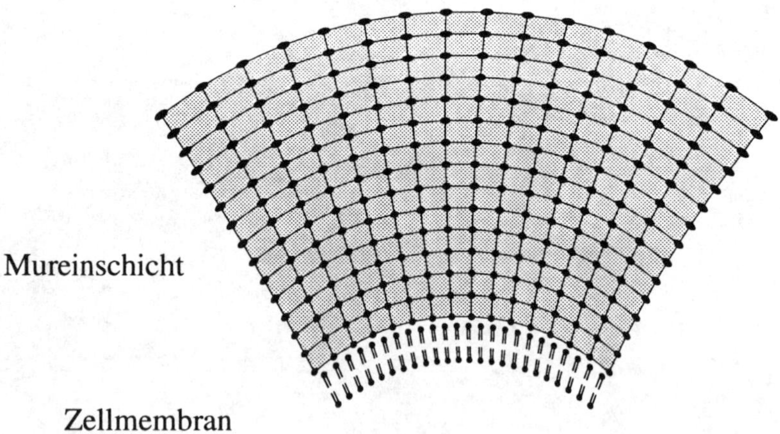

Abb. 1 grampositiv

- **GRAMNEGATIVE BAKTERIEN** sind stammesgeschichtlich jünger und verlassen sich nicht nur auf den Panzer. Sie sind beim Menschen insgesamt infektiöser als grampositive Bakterien.
  Gramnegative Formen besitzen nur eine dünne Schicht aus **MUREIN**, dafür aber außen, um die Mureinschicht herum, nochmals eine **MEMBRAN** aus einer Doppellipidschicht.
  Dadurch haben diese Bakterien quasi eine 2. Grenzschicht nach außen, können schädigende Stoffe (*Antibiotika z. B.*) leichter inaktivieren. Ferner sind sie flexibler.

Wenn gramnegative Bakterien zerfallen und Teile dieser **ÄUSSEREN MEMBRAN** ins Blut kommen, induzieren sie eine heftige Abwehrreaktion, die bis zum **SCHOCK** führen kann. Man nennt diese freiwerdenden Membranbestandteile **ENDOTOXIN** (*weil sie erst IM Menschen beim Bakterienzerfall entstehen*), der Schock ist der

➡ **ENDOTOXINSCHOCK** - gekennzeichnet durch eine **GLEICHZEITIGE DILATATION FAST ALLER ARTERIOLEN**

Die gesamte Reaktion bezeichnet am als

➡ **HERXHEIMER REAKTION.**

📖 **siehe Amtsarztfragen HERZ/KREISLAUF KLINIK**

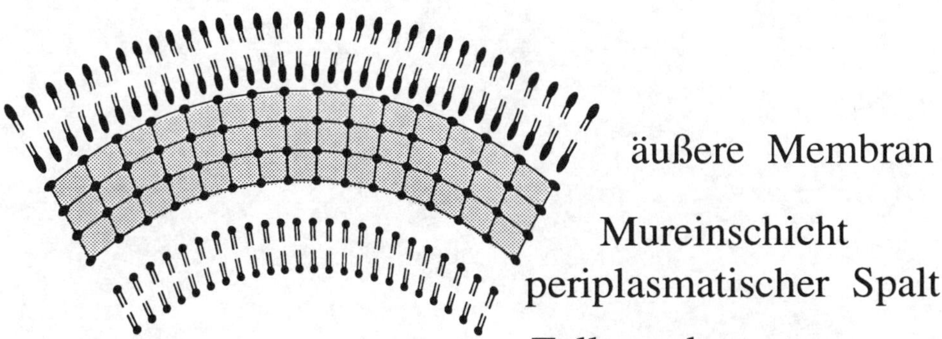

Abb. 2 gramnegativ

5) Welche Aussage/n ist/sind richtig?

a) Sporen sind Dauerformen nur von grampositiven Bakterien.
b) Sporen haben keinen Stoffwechsel
c) Sporen haben eine längere Abtötungszeit als Bakterien.
d) Tetanusbakterien können Sporen bilden.
e) Sporen sind selektiv mit der Ziehl-Neelsen-Färbung anfärbbar.

A) Alle Aussagen sind richtig.
B) Nur Aussagen a, c und e sind richtig.
C) Nur Aussagen c und d sind richtig.
D) Nur Aussage e ist richtig.
E) Nur Aussage b ist richtig.

Antwort:

☒ Lösung C.

Wenn sich die Umweltbedingungen für ein Bakterium verschlechtern, haben manche Keime die Möglichkeit, eine Art Winterschlaf zu machen. Alle wesentlichen Bestandteile der Zelle konzentrieren sich an einer Stelle, darum herum wird eine feste **KAPSEL** gebildet, und der Rest der Zelle geht zugrunde.

ⓑ Der Inhalt der Kapsel ist **WASSERARM** und hat einen sehr **VERMINDERTEN STOFFWECHSEL** ...

➡ Die Spore.

Sie ist die **DAUERFORM EINES BAKTERIUMS**.

Eine Spore ist aber keinesfalls tot - sie ist quasi ein konzentriertes Bakterium.

ⓒ Da Sporen **SEHR RESISTENT** sind, benötigen man eine längere Zeit, bzw. eine höhere Temperatur, um sie abzutöten.
VEGETATIVE FORMEN (*die „normalen" Bakterien*) überleben nur wenige Minuten bei einer Temperatur von 80 °C, Sporen brauchen 60 Minuten bei 180 °C.

ⓐ Die Möglichkeit, Sporen zu bilden, ist nicht an die Eigenschaften der Zellwand gebunden. Die Sporenbildung ist also unabhängig von dem Ergebnis der Gramfärbung.

ⓓ Bakterien, die Sporen bilden können, sind z. B.

- Milzbrandbakterien,
- Tetanusbakterien ,
- Gasbrandbakterien oder
- Clostridium botulinum.

ⓔ Sporen sind mit allen möglichen Farbstoffen anfärbbar. Selektiv mit der **ZIEHL-NEELSEN-FÄRBUNG** sind **MYKOBAKTERIEN** anfärbbar.

6) Beurteilen Sie die beiden Aussagen und die Verknüpfung:

Bakterien benötigen zum Wachsen Eisen,

deshalb

können chronische Infektionen Eisenmangelanämien verursachen.

A) Beide Aussagen und die Verknüpfung sind richtig.
B) Nur beide Aussagen sind richtig.
C) Nur die erste Aussage ist richtig.
D) Nur die zweite Aussage ist richtig.
E) Keine Aussage ist richtig.

Antwort:

☒ Lösung A.

Wie alle Lebewesen, so sind auch Bakterien darauf angewiesen, Stoffe aus der Umgebung aufzunehmen (*Bakterien haben einen Stoff-**WECHSEL***).

Je höher entwickelt eine Lebensform ist, desto komplexer sind diese „**ESSENTIELLEN**" **NÄHR**- und **BAUSTOFFE**, je einfacher die Struktur, desto unabhängiger sind die Lebewesen von der Umgebung.

Bakterien benötigen

- **VITAMINE**,
- **GRUND**- und
- **SPURENELEMENTE**.

Eines dieser Spurenelemente ist das **EISEN**, so daß eine chronische Absiedlung von Bakterien im Körper tatsächlich eine **EISENMANGELANÄMIE** verursachen kann.

Ein einzelnes Bakterium benötigt zwar nur eine ganz geringe Menge an Eisen, aber Bakterien haben eine kurze Generationszeit:

☞ eine Kolonie von E. coli z. B. verdoppelt ihre Anzahl alle 20 Minuten!

☞ *Übrigens: was Bakterien noch unbedingt zum Wachsen brauchen, ist freies Wasser. Medien, bei denen das Wasser gebunden ist, z. B. durch Zugabe von Zucker oder Salz, faulen nicht (Marmelade, Pökelfleisch), sie können höchstens schimmeln (Pilze).*

7) Was ist eine Transduktion?

Wodurch gewinnt sie klinische Relevanz?

Antwort:

☒ Die Transduktion ist eine Übertragung von Bakterien-DNA durch Phagen.
☒ Es kann z. B. Antibiotikaresistenz übertragen werden.

Bakterien können **GENETISCHES MATERIAL** auf andere Bakterienzellen übertragen. Das genetische Material kann

- ein Teil (*eine Kopie*) des Bakterienchromosoms sein, oder als
- **PLASMID** vorliegen.

Sie erinnern sich, die Informationen auf dem Bakterienchromosom = Kernäquivalent dienen dem reinen Überleben, die Informationen auf den Plasmiden sind zusätzlich - sie sind quasi die Butter auf dem trockenen Brot.

Wenn genetisches Material auf eine andere Zelle übertragen worden ist, kann es in das Genom eingebaut werden, und/oder alte Informationen ersetzen.

Hierbei sind 3 verschiedene Möglichkeiten bekannt:

➊ DIE TRANSFORMATION.

Bei der Transformation gibt ein Bakterium Bruchstücke von Kopien seiner DNA einfach so in die, es **UMGEBENDE FLÜSSIGKEIT** ab. Andere Bakterien können die Information rausfischen und sie, jenachdem, verwerten.

Diesen Vorgang macht man sich in der Gentechnologie zunutze, wenn man E. coli-Stämme dazu bringt, z. B. Insulin zu produzieren.

❷ **DIE KONJUGATION.**

Bei der Konjugation handelt es sich um einen **DIREKTEN ZELLKONTAKT**, bei dem genetisches Material mit relativ hoher Geschwindigkeit auf eine andere Zelle übertragen wird. Es ist möglich, daß bei diesem Vorgang die gesamte Erbinformation übertragen wird.

❸ **DIE TRANSDUKTION**

Dieser Vorgang ist in der Natur am häufigsten.

Wie das Leben so spielt: selbst Bakterien können „krank" werden - sie können von einer Art Viren befallen werden.

Diese Viren sind bakterienspezifisch und heißen **BAKTERIOPHAGEN** (*oder nur **PHAGEN***). Sie verhalten und vermehren sich wie Viren: sie können sich beispielsweise in das Bakterienchromosom integrieren und erst nach einer Latenzzeit die Produktion neuer Bakteriophagen anregen.

Bei der Kombination von produzierten Phagen-**HÜLLEN** mit dem Phagen-**GENOM** können Fehler auftreten: versehentlich kann, anstatt einer Phagen-DNA, ein Teil Bakterien-DNA in den Kopf des Phagen gepackt werden.

Wenn dieser falsch bestückte Phage ein weiteres Bakterium „infiziert", ist dieses Bakterium im Besitz neuer Bakterien-DNA.

☞ Eventuell kann es jetzt Antibiotika inaktivieren.

8) Nennen Sie die Definition des Begriffs „Infektion“!

Antwort:

☒ Infektion beschreibt das Eindringen von Krankheitserregern in den Körper.

In der Infektionslehre unterscheidet man ...

❶ die Kolonisation,
❷ die Kontamination und
❸ die Infektion.

❶ Die **KOLONISATION** beschreibt die (*physiologische*) Besiedlung von Haut und Schleimhaut. Diese sog. **RESIDENTE FLORA** (*ständige Keimflora*) ist relativ harmlos und schützt im Regelfall vor der Besiedlung von pathogenen Keimen.

Nur in Ausnahmefällen, bei

- starker Abwehrschwäche,
- Diabetes, oder
- Tumoren

können manche dieser Keime zu einer Infektion führen. Man nennt sie deshalb auch **FAKULTATIV PATHOGENE** oder **OPPORTUNISTISCHE KEIME.**

Bei langfristiger Antibiotikabehandlung oder langfristiger Kortisonmedikation wird die Anzahl der residenten Keime vermindert, so daß sich jetzt auch echte Krankheitserreger ansiedeln können.
Solche Patienten leiden vermehrt unter Ekzemen, chronischen Infektionen, bzw. Wundheilungsstörungen.

Beispiele für **STANDORTFLORA** :

- die Haut ist normalerweise mit ❍ Staphyllokokkus epidermidis besiedelt,
- in der Mundflora befinden sich
  - ❍ E. coli,
  - ❍ Proteus,
  - ❍ Neisserien,
  - ❍ Streptokokken und
  - ❍ Borrelien

  (*übrigens: Zähneputzen führt zu einer deutlichen Keimreduktion, die, je nach Gründlichkeit 1 bis 2 Stunden anhält*),
- im Dickdarm ist hauptsächlich ❍ E. coli anzutreffen,
- für die Vaginalflora sind die ❍ Döderlein'schen Bakterien typisch.

❷ Eine **KONTAMINATION** beschreibt eine Besiedlung von **OBERFLÄCHEN**.

Das bedeutet: auf die Haut samt ihrer Flora lagern sich nochmal Bakterien aus der Umgebung drauf. Man sollte halt aufpassen, wo man reinlangt.

☞ *Diese zusätzlichen Keime beseitigt man durch die **HYGIENISCHE HÄNDEDESINFEKTION**.*

📖 **siehe Frage # 34**

❸ Eine **INFEKTION** beschreibt das Eindringen von Bakterien oder Viren **UNTER** die Oberfläche der Haut oder Schleimhaut, einschließlich der Vermehrung und Ausbreitung der Mikroorganismen.

☞ Erst die Infektion führt zu **KRANKHEITSERSCHEINUNGEN**.

Die Ausprägung der Krankheitserscheinungen ist abhängig

- von der **PATHOGENITÄT** der Erreger,
  d. h. kann ein Keim überhaupt eine Erkrankung hervorrufen
  ➨ *das Hundestaupevirus befällt nur Hunde, keine Menschen,*

- von der **VIRULENZ** der Erreger,
  d. h. wie „bösartig" sind die Erreger, wie stark ist ihre Infektionskraft, ihr Schädigungsvermögen, ihre Toxinbildung und

- von der **AUSGANGSLAGE** des Wirtsorganismus;
  wenn Sie sich gut fühlen, bekommen Sie seltener Erkrankungen als wenn Sie sich mies fühlen.

9) Was ist eine Sepsis?

Nennen Sie typische klinische Zeichen!

Antwort:

☒ Sepsis beschreibt die Anwesenheit von Krankheitserregern im Blut.
☒ Klinische Zeichen sind relativ hohe Tagestemperaturschwankungen.

Wenn ein Erreger einer Lokalinfektion die lokalen Abwehrbarrieren durchbricht, und weder von der Entzündung im Gewebe, noch von den verschiedenen Lymphknotenstationen in Schach gehalten werden kann, so spricht man von **SEPSIS**.

Eine Sepsis kann z. B.

- von einem Furunkel,
- von einer Nasennebenhöhleneiterung oder auch
- von einem Herd im Blinddarm (*Appendix*) ausgehen.

Die Keime, die auf diese Art und Weise ins Blut gelangen, werden **IM BLUT** selbst auch **NICHT** (*vollständig*) **ZERSTÖRT**.

Sie werden in die verschiedenen Organe transportiert, wo sie sogenannte **METASTATISCHE EITERHERDE** bilden können.

Der Patient mit einer Sepsis ist **SCHWER KRANK**. Er hat **FIEBER MIT TAGESTEMPERATURSCHWANKUNGEN** von bis zu 4 °C. Ein solcher Patient gehört natürlich auf dem schnellsten Weg in die Klinik.

Sie sollten Sepsis nicht mit Bakteriämie verwechseln: bei einer typischen Bakteriämie sind auch Erreger im Blut nachweisbar - sie sind auf dem Weg zu ihrem „Erfolgsorgan". Es handelt sich hierbei aber nicht um einen allgemeinen Zusammenbruch der Abwehr; die Erreger treiben ihr Unwesen in ihren spezifischen Erfolgsorganen, nicht im Blut selber.

- Im Anschluß an eine Bakteriämie oder Virämie kann man **ERREGERTYPISCHE KLINISCHE SYMPTOME** erkennen (*erbsbreiförmigen Stuhl, Koplik'sche Flecken etc.*),

- **EINE SEPSIS IST BEZÜGLICH DES KLINISCHEN BILDES NICHT ERREGERTYPISCH.**

10) Beurteilen Sie die beiden Aussagen und die Verknüpfung:

Die Inkubationszeit ist die Zeit zwischen Aufnahme der Erreger und Auftreten der ersten Krankheitssymptome,

weil

die Inkubationszeit erregertypisch ist.

A) Beide Aussagen und die Verknüpfung sind richtig.
B) Nur beide Aussagen sind richtig.
C) Nur die erste Aussage ist richtig.
D) Nur die zweite Aussage ist richtig.
E) Keine Aussage ist richtig.

Antwort:

☒ Lösung B.

Die **INKUBATIONSZEIT** ist die Zeit, in der die Erreger versuchen, die **LOKALEN ABWEHR-MECHANISMEN** des Wirts zu durchbrechen.

Die Inkubationszeit ist damit abhängig

- von der **VIRULENZ** der Erreger,
- der **ERREGERANZAHL** und
- der **ABWEHRLAGE DES ORGANISMUS.**

☞ Trotzdem ist die Inkubationszeit relativ **ERREGERTYPISCH** - und wird deshalb bei Prüfungen abgefragt.

Zu den lokalen Abwehrmechanismen beim Menschen zählen beispielsweise:

- die Hautdicke,
- der Fettsäureschutzmantel,
- Lysozym,
  Bestandteil des Schleims auf Schleimhäuten, spaltet bei grampositiven Bakterien die Zellwand,
- Makrophagen,
- Granulozyten,
- Thrombozyten (*sind auch bei der Abwehr beteiligt*),
- Komplementsystem,
- Lymphozyten und
- Antikörper

siehe Amtsarztfragen IMMUNOLOGIE

Wenn die lokalen Abwehrbarrieren durchbrochen sind, kommt es zu einer

- **EINSCHWEMMUNG DER ERREGER** ins Blut (*Fieber*) und
- zur **ABSIEDLUNG IN DEN ORGANEN.**

Daraus resultieren dann die erregertypischen klinischen Erscheinungen

- Durchfall,
- Hauterytheme,
- Enantheme,
- meningitische Zeichen etc.

*Epidemiologisch bzw. präventivmedizinisch ist die Inkubationszeit insofern interessant, da bereits **WÄHREND DER INKUBATIONSZEIT EINE ANSTECKUNG ERFOLGEN KANN.***

siehe Amtsarztfragen GESETZESKUNDE ➡ „ansteckungsverdächtig"

11) Was ist Pathogenität?

Was ist Virulenz?

Antwort:

☒ Pathogenität ist die Fähigkeit von Erregern, Krankheiten hervorzurufen.
☒ Virulenz ist die Intensität der krankmachenden Eigenschaften.

Ein **PATHOGENER ERREGER** ist **ÜBERHAUPT** in der Lage, eine Krankheit hervorzurufen.

Für unterschiedliche Organismen sind unterschiedliche Erreger pathogen. Klassisches Beispiel: das Hundestaupevirus erzeugt beim Menschen keine Krankheit.

PATHOGENITÄT IST EINE PRINZIPIELLE EIGENSCHAFT DES ERREGERS.

*Wenn feststeht, daß ein Erreger krankmachende Eigenschaften besitzt, stellt sich noch die Frage, **WIE SCHWER** die Erkrankung verläuft.*
Einige Erregerstämme erzeugen schwerere Erkrankungen als andere.

☞ *Beispiel: Salmonellen sind **PATHOGEN**.*

- *Die **VIRULENZ** von Salmonella typhi ist größer als*
- *die **VIRULENZ** von Salmonella paratyphi.*

Man könnte also formulieren:

- **PATHOGENITÄT** ist ein **QUALITATIVER BEGRIFF** zur Charakterisierung von Erregern,
- **VIRULENZ** ist ein **QUANTITATIVER BEGRIFF**.

12)Welche Aussage/n ist/sind richtig?

a) Bakterien haben keinen eigenen Stoffwechsel.
b) Runde Bakterien heißen Kokken.
c) Jedes Bakterium hat eine Kapsel.
d) Die Zellwand grampositiver Bakterien ist dünner als die gramnegativer.
e) Sporen haben keinen Stoffwechsel.

A) Alle Aussagen sind richtig.,
B) Nur Aussagen b, c und e sind richtig.
C) Nur Aussagen a und e sind richtig.
D) Nur Aussagen c und d sind richtig.
E) Nur Aussage b ist richtig.

Antwort:

☒ Lösung E.

ⓔ **BAKTERIEN** sind Lebewesen und haben demzufolge sehr wohl einen eigenen **STOFFWECHSEL.**

ⓐ Auch die Ruheform von Bakterien (*die **SPORE***) lebt und hat einen eigenen Stoffwechsel.
📖 **siehe Frage # 5**

☞ **VIREN** haben keinen eigenen Stoffwechsel.

ⓑ Bezüglich der Form unterscheidet man bei Bakterien

- **KOKKEN** ➠ **RUNDE BAKTERIEN**
  - Haufenkokken ➠ Staphyllokokken,
  - Kettenkokken ➠ Streptokokken,
  - Zweierkokken ➠ Diplokokken, und

- **STÄBCHEN** ➠ längliche Bakterien.
  Eine Untergruppe der Stäbchen heißt
  - ○ **SPIRILLEN** ➠ schraubenförmig, starr, eine weitere heißt
  - ○ **SPIROCHAETEN** ➠ schraubenförmig, beweglich.

📖 **siehe auch Frage # 2**

ⓒ Manche Bakterien haben zusätzlich zu ihrer normalen genetischen Ausstattung „Sonderzubehör“: z. B.

- **PILI** (*Haftorgane*),
- **GEISSELN** (*Fortbewegungsorgane*) oder
- **KAPSELN.**

Diese **KAPSELN** sind im Prinzip eine, für ein Bakterium sehr große **SCHLEIMANHÄUFUNG**, hinter der sich meist mehrere Bakterienindividuen vor Makrophagen oder dem Komplementsystem in Sicherheit bringen können.

siehe Amtsarztfragen IMMUNOLOGIE

Mikrobiologisch ausgedrückt:

Kapseln sind ein **PHAGOZYTOSESCHUTZ.**

➡ Bakterienstämme, die Kapselbildner sind, sind **VIRULENTER** als Stämme ohne Kapselbildung.

siehe Frage # 11

ⓓ Bakterien haben besonders gestaltete **ZELLWÄNDE**: um die Zellmembran herum liegt noch eine Schicht aus Murein.

siehe auch Frage # 4

- Bakterien, die eine **DICKE MUREINSCHICHT** besitzen, lassen sich nach einer Primärfärbung mit Kristallviolett nicht mehr mit Alkohol entfärben,
  die Farbe verfängt sich quasi in der dicken Mureinschicht

☞ sie heißen **GRAMPOSITIV.**

- ○ Bakterien mit einer **DÜNNEN MUREINSCHICHT** haben außen nochmals eine **ZWEITE MEMBRAN** (*wie die Zellmembran*) - sie lassen sich mit Alkohol entfärben.

☞ Sie heißen **GRAMNEGATIV.**

13) Was bezeichnet man als Resistenz,

was als Immunität des Menschen?

Antwort:

☒ **RESISTENZ** bezeichnet die unspezifischen Abwehreinrichtungen,
☒ **IMMUNITÄT** die spezifischen Abwehreinrichtungen.

Die natürliche Infektabwehrleistung eines Organismus kann man in 2 Bereiche unterteilen:

❶ Diejenigen Abwehrleistungen, die dafür Sorge tragen, daß es erst gar nicht zu einer Infektion kommt
➡ die **RESISTENZ**.

❷ Diejenigen Abwehrmechanismen, die dafür sorgen, daß bereits eingedrungene Erreger schnellstmöglich eliminiert werden
➡ die **IMMUNITÄT**.

- Die **RESISTENZ** ist **ANGEBOREN** und wird auch als **UNSPEZIFISCHE ABWEHR** bezeichnet; unspezifisch deshalb, weil sie nicht gegen einen bestimmten (*spezifischen*) Erreger gerichtet ist, sondern **GEGEN ALLE ERREGER**.

  - Die **ABSOLUTE RESISTENZ** ist ein Rasse- bzw. Artmerkmal; Beispiel: das Staupevirus befällt keine Menschen.

  ☞ *Vom Standpunkt des Menschen aus betrachtet heißt es **ABSOLUTE RESISTENZ**,*
  ☞ *vom Standpunkt des Mikroorganismus heißt die selbe Erscheinung **PATHOGENITÄT**.*

  - Die **RELATIVE RESISTENZ** ist ebenfalls genetisch determiniert und beschreibt die individuelle Empfänglichkeit für Infektionen.

  ☞ *Für Streber: die relative Resistenz hängt mit dem Haupthistokompatibilitätskomplex (MHC) zusammen.*

📖 **siehe Amtsarztfragen IMMUNOLOGIE**

- Die **IMMUNITÄT** eines Organismus ist **ERWORBEN**. Sie ist spezifisch, d. h. gegen **EIN BESTIMMTES ANTIGEN** gerichtet und setzt den Kontakt des Organismus mit dem Erreger voraus.

  *Ihr anatomisches Korrelat sind die **GEDÄCHTNISZELLEN**. Sie sorgen dafür, daß man Kinderkrankheiten nur einmal im Leben bekommt.*
  *Die Mechanismen der Immunität macht man sich bei der **IMPFUNG** zunutze.*

14) Nennen Sie 5 Faktoren der natürlichen menschlichen Resistenz!

Antwort:

☒ Hautdicke,
☒ Darmperistaltik,
☒ Urinfluß,
☒ Magensäure,
☒ Standortflora.

Wie Sie der Frage # 13 entnehmen konnten, handelt es sich bei der **RESISTENZ** um **UNSPEZIFISCHE SCHUTZFAKTOREN**, die verhindern sollen, daß Erreger in den Körper eindringen.

Man unterscheidet

① **MECHANISCHE SCHUTZFAKTOREN.**

ⓐ Die **HAUTDICKE**. Das intakte Plattenepithel ist nur von ganz wenigen Erregern zu durchdringen (*z. B. Francisella tularensis*). Wenn das Epithel aber selbst nur leicht lädiert ist, stellt es für die meisten Bakterien keine wesentliche Barriere mehr dar.

☞ *Deshalb ist vor Blutentnahmen, Spritzen, etc. sorgfältig zu desinfizieren!*

ⓑ Vorrichtungen, die verhindern, daß sich Erreger **ANHEFTEN** können:

- der **WIMPERNSCHLAG**,
- die **DARMPERISTALTIK**,
- der **URINFLUSS**,
- der **SCHLAG DES FLIMMEREPITHELS** im Respirationstrakt.

☠ Bei Störung dieser Mechanismen kommt es gehäuft zu Infektionen:

☠ wenn man zu wenig trinkt ➠ Infektionen der ableitenden Harnwege,
☠ bei Nikotin- und Alkoholabusus ➠ gehäuft Bronchialinfekte, etc.,
☠ bei Facialisparese ➠ Konjunktivitis, Keratitis.

② Die **CHEMISCHEN RESISTENZFAKTOREN.**

Die meisten Bakterien leben gerne in einem leicht basischen Milieu. Deshalb sind die chemischen Schutzfaktoren alle im sauren Bereich:

- der **SÄURESCHUTZMANTEL DER HAUT**,
- die **MAGENSÄURE**,
- die **VAGINALSCHLEIMHAUT** etc.

Als weiterer chemischer Schutzfaktor kommt **LYSOZYM** im Speichel, Tränenflüssigkeit und im Nasensekret vor; Lysozym spaltet die Zellwand grampositiver Bakterien.

③ Die **STANDORTFLORA.**

Jede Stelle unserer Körperoberfläche, sowie der Schleimhautoberflächen ist besetzt von Keimen. Es handelt sich um eine **SYMBIOSE**, d. h. um eine Gemeinschaft zum beiderseitigem Nutzen:

- die **HAUTKEIME** spalten z. B. **TALG** in **FREIE FETTSÄURE** (= *der Säureschutzmantel*),
- die **DARMBAKTERIEN** produzieren **VITAMIN K** und helfen, Ballaststoffe aufzuspalten und das Dickdarmepithel zu ernähren.

Desweiteren verhindern die Keime der Standortflora einfach aus räumlichen Gründen das Ansiedeln von pathogenen Keimen.

④ Die **PHAGOZYTOSEMECHANISMEN.**

Hierzu zählen alle

- **GRANULOZYTEN,**
- **MONOZYTEN** und
- **MAKROPHAGEN.**

Da diese Zellen alles fressen, was ihnen durch Antikörpermarkierung oder Markierung durch Komplementfaktoren „erlaubt“ wurde, gehören sie auch zum unspezifischen System

➠ zu den Resistenzfaktoren.

(*Antikörper gehören zum spezifischen Abwehrsystem = Immunität.*)

15)Beurteilen Sie die beiden Aussagen und die Verknüpfung:

Schutzimpfungen sind bei erkälteten Personen kontraindiziert,

weil

die meisten Schutzimpfungen heutzutage aktive Immunisierungen darstellen.

A) Beide Aussagen und die Verknüpfung sind richtig.
B) Nur beide Aussagen sind richtig.
C) Nur die erste Aussage ist richtig.
D) Nur die zweite Aussage ist richtig.
E) Keine Aussage ist richtig.

Antwort:

☒ Lösung B.

SCHUTZIMPFUNGEN sind eine ganz wesentliche Methode der Verhütung von Infektionskrankheiten.

SCHUTZIMPFUNGEN STÄRKEN DIE ABWEHRKRÄFTE DES INDIVIDUUMS.

§§ Der Gesetzgeber sieht zum Schutz der Bevölkerung vor einer Ausbreitung von Infektionskrankheiten

- die Schutzimpfung,
- die Absonderung von Erkrankten (*Quarantäne*) und
- die Desinfektion und Sterilisation vor.

siehe Frage # 51 Gesetzeskunde

Bei den Schutzimpfungen gibt es

- die aktive Impfung und
- die passive Impfung.

- Das Prinzip der **AKTIVEN IMPFUNG** ist, den Körper mit Erregern abgeschwächter oder fehlender Virulenz, bzw. mit abgewandelten Toxinen in Berührung zu bringen und eine **ANTIKÖRPERBILDUNG** zu induzieren.

*Man setzt also eine **KLEINE INFEKTION**, die der zu bekämpfenden Krankheit ähnlich ist, aber lange nicht so gefährlich. Daraus resultiert, außer der Antikörperbildung, noch die Bildung von **GEDÄCHTNIS-ZELLEN**, d. h. der Organismus ist einige Zeit (z. T. lebenslang) **IMMUN** gegen die Krankheit. Deshalb sind die meisten Impfungen heutzutage aktive Impfungen.*

Beispiele:

- Diphtherieimpfung,
- Tetanolimpfung gegen Tetanus,
- Masern,
- Polio,
- Röteln, etc.

Der **NACHTEIL** der aktiven Impfung ist die Tatsache, daß der Patient nur geimpft werden kann, wenn er **VOLLSTÄNDIG GESUND** ist:

☞ keine floriden Infektionskrankheiten,
☞ keine Autoaggressionskrankheiten (*Rheuma!*),
☞ keine Hirnschäden,
☞ keine schwere Allergie,
☞ keine schweren Organkrankheiten.

Der Impfschutz ist erst nach Ausbildung der Antikörper vollständig (*10 - 14 Tage*).

○ Das Prinzip der **PASSIVEN IMPFUNG** ist es, dem Körper Antikörper (*Immunglobuline, Hyperimmunseren*) **ZUZUFÜHREN.**

Die passive Impfung findet statt, wenn der Patient bereits erkrankt ist, bzw. zumindest mit den Erregern oder dem Toxin **BEREITS IN BERÜHRUNG GEKOMMEN IST.**

*Ein Beispiel wäre die Tetanusimpfung mit Tetagam. Die Antikörper, die dem Organismus zugeführt wurden, binden sehr schnell die Antigene - d. h. der Wirkungseintritt der Impfung ist **SOFORT.***

Nachteil der passiven Impfung ist aber, daß der Körper auf diese Art und Weise nicht dazu gezwungen wird, eigene Antikörper zu bilden.

☞ Eine passive Impfung hinterläßt also **KEINE IMMUNITÄT.**

16) Ordnen Sie zu:

a) Epidemie
b) Endemie
c) Pandemie

1) globale Ausbreitung, zeitlich begrenzt
2) gehäuftes, zeitlich und räumlich begrenztes Auftreten einer Infektionskrankheit
3) z. B. Frühsommermeningoencephalitis

Antwort:

☒ a - 2
☒ b - 3
☒ c - 1

Die **EPIDEMIOLOGIE** ist die Wissenschaft vom Auftreten von Infektionskrankheiten.

Sie bedient sich im wesentlichen Methoden aus der **STATISTIK**.

Es interessiert ja hier nicht der Einzelfall, sondern allgemein das Auftreten von Infektionskrankheiten, d. h. das wann, wo, wieviel und damit das warum.

ⓐ Eine **EPIDEMIE** beschreibt ein **ZEITLICH UND RÄUMLICH GEHÄUFTES AUFTRETEN** von Infektionskrankheiten.

☞ *Beispiel: letzten Sommer erkrankten in einem bestimmten Gebiet gehäuft Kinder und Jugendliche an **MENINGOKOKKENMENINGITIS**. Die Aufgabe des Gesundheitsamtes ist es nun, herauszufinden, was sich in dieser Zeit in dem Gebiet verändert hat; Trinkwasserkontrolle, Badewasserkontrolle etc.*

ⓑ Eine **ENDEMIE** beschreibt ein **ÖRTLICH BEGRENZTES, ZEITLICH UNBEGRENZTES AUFTRETEN** einer Infektionskrankheit.

☞ *Beispiel: in einem bestimmten Gebiet treten, über Jahre hinweg, gehäuft Virusmeningitiden auf. Falls dieses Gebiet ein Waldgebiet ist, könnte eine Virusübertragung durch Zecken die Ursache sein*
➠ *Frühsommermeningoencephalitis **(FSME)**.*
☞ *Ein weiteres Beispiel wäre das gehäufte Auftreten von **MALARIA** im Sumpfgebiet.*

ⓒ Eine **PANDEMIE** beschreibt ein **ZEITLICH BEGRENZTES, GLOBALES AUFTRETEN** einer Infektionskrankheit. Eine Pandemie ist quasi eine Epidemie, die sich rund um den Globus herum ausbreitet.
☞ *Beispiel: die **ASIATISCHE SCHWEINEGRIPPE** oder **AIDS**.*

17) Beurteilen Sie die beiden Aussagen und die Verknüpfung:

AIDS ist eine Pandemie,

weil

AIDS räumlich begrenzt ist.

A) Beide Aussagen und die Verknüpfung sind richtig.
B) Nur beide Aussagen sind richtig.
C) Nur die erste Aussage ist richtig.
D) Nur die zweite Aussage ist richtig.
E) Keine Aussage ist richtig.

Antwort:

☒ Lösung C.

Eine **PANDEMIE** beschreibt das

- **ZEITLICH BEGRENZTE** Ausbreiten einer Infektionskrankheit
- **RUND UM DEN GLOBUS**

🕮 **siehe Frage # 16**

AIDS *ist eine Virusinfektion, die sich mittlerweile relativ unaufhaltsam weltweit ausbreitet. Im Vertrauen auf unsere Forschung hoffen wir mal, daß sich bald ein Impfstoff findet, somit ist AIDS eine globale, zeitlich begrenzte Infektion - eine Pandemie.*

Die 1. Antwort ist also richtig, die 2. Antwort ist falsch.

18) Ordnen Sie zu:

a) Mortalität
b) Morbidität
c) Inzidenz
d) Prävalenz
e) Letalität

1) prozentuale Anzahl der an einer Krankheit Verstorbenen.
2) Anzahl der Neuerkrankungen
3) Anzahl der Erkrankten
4) Bestand der Erkrankungen
5) Anzahl der Verstorbenen

Antwort:

☒ a - 5
☒ b - 3
☒ c - 2
☒ d - 4
☒ e - 1

Die, in der Frage aufgeführten Begriffe sind **STATISTISCHE DEFINITIONEN** aus dem Gebiet der Epidemiologie.

Mit diesen Begriffen kann man exakt den Ausbreitungsstand einer Infektionskrankheit und ihre Dynamik beschreiben.

Angenommen, Sie würden sich für die Krankheit **AIDS IM JAHRE 1992** interessieren.
Sie könnten vom Gesundheitsamt z. B. folgendes erfahren:

Am 1. 1. 92 waren in der Bundesrepublik 7280 AIDS-Fälle bekannt	● die **PRÄVALENZ** beträgt 7280.
Bis 1. 1. 93 kamen weitere 2167 Fälle dazu	● die **INZIDENZ** für das Jahr 1992 beträgt 2167.
Insgesamt sind im gesamten Beobachtung-szeitraum (für AIDS ab 82) also 9447 Fälle bekannt	● die **MORBIDITÄT** ist 9447.
Die Anzahl der an AIDS Verstorbenen betrug im gesamten Beobachtungszeitraum 3041	● die **MORTALITÄT** ist 3041 im Beobachtungszeitraum.
Das Verhältnis zu Erkrankten/Verstorbenen, beträgt 32 %.	● dies drückt die **LETALITÄT** aus.

Wie Sie sehen, kann man mit diesen Ausdrücken relativ einfach und genau den **STAND** und die **PROGREDIENZ** einer Infektionskrankheit beschreiben.

☞ *Die meisten Dinge (und Wörter) sind nicht so schlimm, wie sie auf den ersten Blick aussehen.*

19) In einem bestimmten Gebiet, in den bislang diese Erkrankung noch nie aufgetreten ist, sind 2 Patienten erkrankt. 1 Patient verstirbt.

Welche Aussage/n ist/sind richtig?

a) Die Prävalenz ist Null.
b) Die Mortalität ist 50 %.
c) Die Morbidität ist 2.
d) Die Letalität ist 2.
e) Die Inzidenz ist 2.

A) Alle Aussagen sind richtig.
B) Nur Aussagen a, c und e sind richtig.
C) Nur Aussagen b und e sind richtig.
D) Nur Aussagen b, c und d sind richtig.
E) Nur Aussage d ist richtig.

Antwort:

☒ Lösung B.

Erinnern Sie sich:

- die **PRÄVALENZ** ist der Bestand der Erkrankten vor einem bestimmten Stichtag,
- die **INZIDENZ** ist die Anzahl der Neuerkrankten im Beobachtungszeitraum,
- die **MORBIDITÄT** ist die Anzahl der Erkranktenim Beobachtungszeitraum,
- die **MORTALITÄT** ist die Anzahl der Verstorbenenim Beobachtungszeitraum.

Alle diese Begriffe sind **ZAHLENWERTE**, die

❍ auf ein bestimmtes **EINZUGSGEBIET** (*Deutschland, weltweit oder Fürth*) und
❍ auf einen bestimmten **ZEITRAUM** (*ein Jahr, ein Vierteljahr*) bezogen werden.

Ein Maß für die **GEFÄHRLICHKEIT** einer Krankheit ist das Verhältnis der Verstorbenen an dieser Krankheit bezogen auf 100 Erkrankte.

Die **LETALITÄT** ist eine Prozentzahl.

Im obigen Beispiel heißt das:

ⓐ Die Erkrankung ist nie aufgetreten: **PRÄVALENZ** = 0.
ⓔ 2 Patienten sind erkrankt: die **INZIDENZ** = 2.
ⓒ Die Gesamtzahl der Erkrankten beträgt somit 2: die **MORBIDITÄT** = 2.
ⓑ 1 Patient verstirbt: die **MORTALITÄT** = 1.
ⓓ Die **LETALITÄT**, das Verhältnis von Verstorbenen zu Erkrankten beträgt **50 %.**

20) Was sind Nosokomialinfektionen?

Nennen sie ein Beispiel!

Antwort:

☒ Nosokomialinfektionen sind Krankenhausinfektionen, beispielsweise mit Pseudomonas aeruginosa.

NOSOKOMIALINFEKTIONEN sind Infektionen, die sich in Krankenhäusern, Heimen oder auch in Praxen ausbreiten.

Sie sind besonders problematisch zu bekämpfen, da hier **SEHR VIELE VIRULENTE ERREGER** auf einem Haufen beisammen sind, die **ANTIBIOTIKARESISTENZEN** austauschen können.

siehe Frage # 7

Oft handelt es sich um fakultativ pathogene Keime (*Opportunisten*), wie

- Legionella pneumophila
- Proteus,
- Klebsiellen,
- E. coli,
- Pseudomonas aeruginosa.

§§ Eine Kleinepidemie mit diesen Keimen ist auf Intensivstationen sehr gefürchtet, und, wenn es sich um eine Säuglingsstation handelt, auch meldepflichtig.

Der häufigste Übertragungsweg ist die **SCHMIERINFEKTION** über direkten Kontakt (*Personal, Besucher*), über medizinische Gerätschaften (*Infusionsflaschen, Dialysegeräte, etc.*) oder indirekt über Inhalatoren, Endoskope etc.

Dank der strengen hygienischen Vorschriften halten sich Keime auf ordnungsgemäß gepflegtem Fußboden, Waschbecken etc. jedoch im Prinzip nicht.

*Ein weiteres Problem ergibt sich daraus, daß auf Intensivstationen fast ausschließlich **RISIKOPATIENTEN** liegen, d. h. die Abwehr dieser Patienten ist bereits geschwächt. Bedenken Sie hierzu bitte, daß die meisten Antibiotika nur die **VERMEHRUNG** von Erregern **HEMMEN**, die eigentliche Abtötung und Beseitigung obliegt der körpereigenen Abwehr.*

21) Welche Aussage/n ist/sind richtig?

Die Abtötung von lebenden Keimen ...

a) bezeichnet man als Desinfektion.
b) erreicht man durch 30 minütiges Einlegen von Instrumenten in 80 %igem Äthylalkohol.
c) erreicht man durch Abreiben der Haut mir einem Alkoholtupfer.
d) wird erreicht durch die Verwendung von Handschuhen beim Spritzen oder bei der Blutentnahme.
e) kann durch Äthylenoxid erreicht werden.

A) Alle Aussagen sind richtig.
B) Nur Aussagen a, c und d sind richtig.
C) Nur Aussage e ist richtig.
D) Nur Aussagen a, b, c und e sind richtig.
E) Nur Aussagen a und c sind richtig.

Antwort:

☒ Lösung C.

- Die **ABTÖTUNG VON ERREGERN**, bzw. ihre vollständige Entfernung nennt man **STERILISATION**.

- Die **VERMINDERUNG DER KEIMDICHTE** nennt man **DESINFEKTION**. Durch eine **DESINFEKTION** vermindert man das Risiko einer **INFEKTION**.

Alle Desinfektions- und Sterilisationsverfahren sind **AMTLICH** geprüft und vorgeschrieben.

- **STERILISATIONSVERFAHREN** sind:
  - thermische Verfahren (*trockene und feuchte Hitze*),
  - physikalische Verfahren (*energiereiche Strahlung*),
  - chemische Verfahren,
    Äthylenoxid, Formalin, Aldehyde, Peroxide
  - Sterilfiltration.

- ○ **DESINFEKTIONSVERFAHREN** sind:
  - ○ thermische Verfahren (*feuchte Hitze*)
  - ○ physikalische Verfahren (*UV-Strahlung*)
  - ○ chemische Verfahren (*Alkohole zur hygienischen und chirurgischen Händedesinfektion, Aldehyde, Phenole, Peroxide*).

🕮 **Genaueres siehe Frage # 25**

ⓓ Die Verwendung von **EINMALHANDSCHUHEN** bei der Blutentnahme oder beim Spritzengeben schützt Sie vor Infektionen mit AIDS, Hepatitis, etc., hat aber mit Sterilität nichts zu tun.

22) Welche Aussage ist richtig?

Bioindikatoren für Sterilisatoren sind ...

A) Milzbrandbakterien
B) Chlamydien
C) Sporen
D) Salmonellensporen
E) Pneumocystis carinii

Antwort:

☒ Lösung C.

*Da man einem Gegenstand nicht ansieht, ob er noch lebende, infektionsfähige Keime enthält, muß der **STERILISATIONSVORGANG** laufend **ÜBERPRÜFT** werden.*

Das **ERREICHEN DER STERILISATIONSTEMPERATUR** wird bei jedem Sterilisationsvorgang überprüft entweder durch

- spezielle **THERMOMETER** oder durch
- **FARBINDIKATOREN**, die in das Sterilisationsgut hineingelegt werden.
  *Das Erreichen der Sterilisationstemperatur wird durch einen **FARBUMSCHLAG** angezeigt.*

© Desweiteren muß in regelmäßigen Abständen (*ein- bis zweimal im Jahr*) eine Kontrolle der Sterilisation durch **BIOLOGISCHE VERFAHREN** durchgeführt werden.

Man verwendet dafür entweder die sog.

- **SPORENPÄCKCHEN,**
- **SPORENSTREIFEN** oder
- **ATTEST-RÖHRCHEN**.

- Die **SPORENPÄCKCHEN** bestehen aus sporenhaltiger **ERDE** unter Verwendung des Keims Bacillus stearothermophilus (*amtlich geregelt*).
  Das Sporenpäckchen wird in die Mitte des Sterilisationsgut eingelegt und nach dem Sterilisieren ins Hygiene-Institut eingeschickt.
  Die Erde wird dann 14 Tage bebrütet und ausgewertet. Wenn Bakterien wachsen, war die Sterilisation ungenügend.

- **SPORENSTREIFEN** funktionieren nach dem gleichen Prinzip und mit dem gleichen Keim, sind aber einfacher auszuwerten.
  Die Bebrütungsdauer beträgt hierbei nur 4 Tage.

- Noch einfacher auszuwerten sind die **ATTEST-RÖHRCHEN**. Das Prinzip ist wiederum exakt das gleiche, nur ist hierbei das Nährmedium bereits inklusive.
  Man bebrütet 1 Tag und kann das Ergebnis an einem Farbumschlag ablesen.

Vegetative Keime sind wesentlich leichter abzutöten als Sporen. Deshalb eignen sich

Ⓐ Ⓑ
- Bakterien,
- Pilze oder

Ⓔ
- Einzeller nicht als Test für Sterilisatoren.

Ⓓ Salmonellen sind keine Sporenbildner!

23) Beschreiben Sie die korrekte Desinfektion vor einer Injektion!

Antwort:

☒ Man reibt die Haut mit einem Alkoholtupfer ab oder
☒ besprüht das Injektionsgebiet.

Man läßt das Desinfektionsmittel 30 sec., bzw. 2 Minuten mindestens einwirken und punktiert dann.

*Die korrekte **HAUTDESINFEKTION** vor einer Spritze ist Bestandteil der **SORGFALTSPFLICHT**, der der Heilpraktiker unterliegt.*

VORGEHEN:

Man hat hierbei 2 Möglichkeiten:

- auf einen sterilisierten **TUPFER** wird ein (zugelassenes) Desinfektionsmittel aufgebracht und man wischt in konzentrischen Kreisen um die Punktionsstelle nach außen.

➠ **WISCHMETHODE, TUPFERMETHODE**

oder

- man sprüht viel Desinfektionsmittel auf die Punktionsstelle.

➠ **SPRÜHMETHODE**

Die **EINWIRKDAUER** muß

- bei der **WISCH**-methode mindestens **30 SEKUNDEN,**
- bei der **SPRÜH**-methode mindestens **2 MINUTEN**

betragen; *man wartet aber immer, bis das Desinfektionsmittel abgetrocknet ist.*

24) Welche Aussage ist zur Verwendung von Mehrfachspritzen und -kanülen richtig?

Vor der nächsten Anwendung erfolgt ein ...

a) Einlegen in 80 % Alkohol für 30 Minuten.
b) Einlegen in Sagrotan für 8 Stunden.
c) Erhitzen auf 180 °C 60 Minuten lang.
d) Auskochen 15 Minuten lang mit Soda.
e) Erhitzen auf 134 °C 5 Minuten lang bei 3 bar.

A) Alle Aussagen sind richtig.
B) Nur Aussagen a, c und d sind richtig.
C) Nur Aussagen c und e sind richtig.
D) Nur Aussage b ist richtig.
E) Nur Aussagen b, d und e sind richtig.

Antwort:

☒ Lösung C.

Mehrmals verwendbare Spritzen und Kanülen müssen selbstverständlich vor jeder Anwendung **STERILISIERT** werden.

In der Praxis ist das sehr umständlich, aufwendig und damit teuer, so daß es sinnvoller ist, ***EINMAL-SPRITZEN UND -KANÜLEN*** *zu verwenden.*

STERILISATIONSVERFAHREN sind:

ⓒ ● **TROCKENE WÄRME**:

180 °C **60** Minuten **ohne** Luftumwälzung,
180 °C **30** Minuten **mit** Luftumwälzung;

ⓔ ● **FEUCHTE WÄRME**:

120 °C **30** Minuten, **2 bar** Dampfdruck,
134 °C **5** Minuten, **3 bar** Dampfdruck.

Näheres siehe Frage # 25

ⓓ ☞Auskochen,
ⓐ ☞Einlegen in Alkohol oder
ⓑ ☞ein anderes **DESINFEKTIONS**-mittel

sind **DESINFEKTIONSVERFAHREN** und damit ungenügend.

25) Welche Aussage/n ist/sind richtig?

Folgende Sterilisationsverfahren sind amtlich zugelassen:

a) 80 %iger Alkohol.
b) Sterilfiltration.
c) trockene Wärme 180 °C, 60 Minuten.
d) feuchte Wärme 100 °C, 5 Minuten.
e) Äthylenoxid.

A) Alle Aussagen sind richtig.
B) Nur Aussagen b, c und d sind richtig.
C) Nur Aussagen a, c, d und e sind richtig.
D) Nur Aussagen b, c und e sind richtig.
E) Nur Aussage a ist richtig.

Antwort:

☒ Lösung D.

Hoffentlich haben Sie sich nicht reinlegen lassen:

● **STERILISATION** ist die **VOLLSTÄNDIGE ABTÖTUNG**, bzw. Entfernung von Erregern,

❍ **DESINFEKTION** ist die **VERMINDERUNG DER KEIMDICHTE**.

Wenn Sie so wollen, ist die Desinfektion eine kleine, unvollständige Sterilisation. Deshalb sind Sterilisationsverfahren allesamt viel energiereicher als Desinfektionsverfahren.

Sterilisationsverfahren unterteilt man in

● **THERMISCHE VERFAHREN**

ⓒ **TROCKENE HITZE:**

180 °C 60 Minuten ohne Luftumwälzung im Sterilisator,
180 °C 30 Minuten mit Luftumwälzung oder in heißem Öl oder Glyzerin.

Die trockene Hitze ist geeignet für Glas, Keramik, Metall.

FEUCHTE HITZE:

120 °C 30 Minuten, 2 bar Dampfdruck (*Textilien, Gummi*), oder
134 °C 5 Minuten, 3 bar Dampfdruck (*für Instrumente*).

- **PHYSIKALISCHE VERFAHREN**

Energiereiche Strahlung:

β - Strahlung oder
γ - Strahlung.

Die Strahlensterilisation wird verwendet für die Sterilisation von Einmalartikeln, Verbandstoffe, Handschuhe.

- **CHEMISCHE VERFAHREN**

ⓔ

- **ÄTHYLENOXIDGAS.**
  Äthylenoxid ist hervorragend wirksam bereits bei niedrigen Temperaturen, allerdings ist es extrem giftig. Man muß nach der Sterilisation sog. Entgasungszeiten einhalten.

- **FORMALIN-WASSERDAMPF-MISCHUNG.**
  Hierbei ist keine Entgasungszeit nötig, allerdings ist das Durchdringungsvermögen nicht so gut.

- **ALDEHYDE, PEROXIDE,** und **HALOGENE.**
  *Sie haben in der Regel gar kein vernünftiges Durchdringvermögen und sind daher nur als **OBERFLÄCHENSTERILISATOREN** einsetzbar.*

- die **STERILFILTRATION.**

ⓑ *Dieses Verfahren eignet sich für Flüssigkeiten und Gase. Die entsprechende Substanz wird durch ein ganz feines Filter geleitet, so daß die Bakterien hängenbleiben. Es gibt auch Ultrafilter, die sogar mittelgroße Viren herausfiltern können. Manche Filter sind kombiniert mit einer keimtötenden Oberfläche, oder besitzen eine adsorbierende Beschichtung.*

☞ *Ich würde meinen, lernen Sie vor allem die* ***STERILISATIONSVERFAHREN*** *auswendig (Dampfdruck, Temperatur, etc.).*

Alles, was schwächer ist, als das, was Sie gelernt haben, ist ein

ⓐⓓ ➡ **DESINFEKTIONSVERFAHREN.**

26) Erläutern Sie den Begriff „Sterilisation"!

Antwort:

☒ Sterilisation ist die Abtötung sämtlicher Mikroorganismen oder deren Entfernung.

Die Hygieneverordnung kennt mehrere **MASSNAHMEN DER ASEPTIK** (*Keimverminderung*):

- die **SANITATION**,
- die **DESINFEKTION**,
- die **ENTWESUNG**,
- die **STERILISATION**.

- Die **SANITATION** beschreibt eine **UNGEZIELTE KEIMREDUKTION, Z. B. DURCH REINIGUNGSMASSNAHMEN**.

- Die **DESINFEKTION** beschreibt eine **GEZIELTE ABTÖTUNG VON KEIMEN**; hierbei sind besonders die **PATHOGENEN KEIME** zu eliminieren.
  *Desinfektion heißt eigentlich, den Gegenstand in einen Zustand bringen, in dem er **NICHT MEHR INFIZIEREN** kann.*

- **ENTWESUNG** beschreibt die Bekämpfung und Vernichtung von Wohnraum- und/oder **KÖRPERUNGEZIEFER**,und

- die **STERILISATION** ist die

  „ABTÖTUNG ODER ENTFERNUNG SÄMTLICHER FORTPFLANZUNGS- UND DAUERSTADIEN VON MIKROORGANISMEN, SOWIE DIE INAKTIVIERUNG VON VIREN. „

➡ Sterilisieren heißt **KEIMFREI** machen.

27) Welche Aussage/n ist/sind richtig?

Zur Abtötung von Sporen von Clostridium botulinum ist geeignet ...

a) 15-minütiges Erhitzen auf 180 °C.
b) 1-minütiges Einwirken von 70 %igem Isopropylalkohol.
c) Abkochen 10 Minuten lang.
d) 30-minütige Bestrahlung mit UV-Strahlen.
e) 120 °C, 30 Minuten, 2 bar Dampfdruck.

A) Alle Aussagen sind richtig.
B) Nur Aussagen a, c und e sind richtig.
C) Nur Aussage e ist richtig.
D) Nur Aussagen a, b, d und e sind richtig.
E) Nur Aussagen c und e sind richtig.

Antwort:

☒ Lösung C.

ABTÖTEN VON MIKROORGANISMEN oder deren Dauerformen fällt in das Gebiet der **STERILISATION.**

*Wissen Sie noch die **STERILISATIONSMASSNAHMEN**?*

- trockene Hitze:
  - 180 °C 60, bzw. 30 Minuten,
- ⓔ feuchte Hitze:
  - 120 °C 30 Minuten, 2 bar,
  - 134 °C 5 Minuten, 3 bar.
- β - und γ -Strahlung
- Äthylenoxid, Formalin
- Sterilfiltration.

🕮 *Lernen Sie bei den thermischen Verfahren wirklich die **STERILISATIONSZEITEN**, die **TEMPERATUREN** und die **DRÜCKE** etc. auswendig.*

☞ *Sterilisationsverfahren sollten sitzen.*

Die anderen erwähnten Verfahren sind zur Sterilisation ungeeignet, damit sind sie lediglich **DESINFEKTIONSMETHODEN.**

➠ ⓐ ⓑ ⓒ ⓓ

28) Welche Aussage/n ist/sind richtig?

Bei folgenden Tätigkeiten ist eine hygienische Händedesinfektion vorzunehmen ...

a) vor einer Blutentnahme.
b) nach der Untersuchung eines Patienten mit Bandscheibenvorfall.
c) nach jedem Kontakt mit Blut.
d) vor dem Essen.
e) nach Laborarbeiten mit Handschuhen.

A) Alle Aussagen sind richtig.
B) Nur Aussagen a, b, c und e sind richtig.
C) Nur Aussage c ist richtig.
D) Nur Aussagen a, c und d sind richtig.
E) Nur Aussagen c, d und e sind richtig.

Antwort:

☒ Lösung B.

Die **HYGIENISCHE HÄNDEDESINFEKTION** tötet **ANFLUGKEIME**, die sich auf die Haut samt ihrer Hautflora gesetzt haben, ab.

☞**KONTAMINATION**

🕮 **siehe Frage # 8**

AUSFÜHRUNG:

Man verreibt ca. 5 ml eines Desinfektionsmittels auf beiden Händen und läßt es ca. 30 Sekunden einwirken.

Die hygienische Händedesinfektion ist durchzuführen

ⓐ
- vor und

ⓑ
- nach jedem Patientenkontakt,

besonders sorgfältig natürlich dann, wenn der Patient Keime absondert (*Wundheilungsstörungen, Infektionserkrankungen*).

Desweiteren ist

ⓒ
- nach jedem **KONTAKT MIT BLUT** oder
- mit Patientenausscheidungen (*Stuhl, Urin, Sputum*), sowie
- im Sanitärbereich eine hygienische Händedesinfektion nötig.

ⓔ
- In allen Instituten oder Einrichtungen, in denen mit (*potentiell*) infektiösem Material gearbeitet wird (*Labors*), ist außer dem Tragen von Handschuhen die hygienische Händedesinfektion **PFLICHT**.

ⓓ *Wenn Sie alle obigen Punkte beachtet haben und außerdem gelernt haben mit Messer und Gabel zu essen, ist eine gesonderte Hände**desinfektion** vor dem Essen nicht mehr nötig.*

29) Welche Aussage ist richtig?

Die Herxheimer-Reaktion ...

A) ist eine Nebenwirkung von Penicillin.
B) tritt besonders nach einer bakteriellen Fehlbesiedlung des Darmes auf.
C) ist eine hypotone Kreislaufregulationsstörung.
D) tritt als Komplikation beim unbehandelten septischen Schock auf.
E) ist eine Allergie auf Bakterienplasmide.

Antwort:

☒ Lösung C.

Beim **ZERFALL GRAMNEGATIVER KEIME** werden Bruchstücke der äußeren Membran frei.

📖 **siehe Frage # 4**

Diese Bruchstücke vermindern den **ARTERIOLENTONUS**, so daß beim schnellen Zerfall gramnegativer Bakterien in kurzer Zeit sehr viele Kapillargebiete gleichzeitig durchblutet werden. Damit **VERSACKT** das Blut in der Peripherie und es kommt zum **SCHOCK** .

➡ Schock = periphere Minderdurchblutung.

📖 Bitte beachten Sie:

eine **EIN**- blutung
ist keine **DURCH**- blutung.

Ⓒ Man mißt an der A. brachialis einen **NIEDRIGEN BLUTDRUCK** und einen **ERHÖHTEN PULSWERT**.
Dieser Schock heißt auch **ENDOTOXINSCHOCK** oder **SEPTISCHER SCHOCK**.
Er entwickelt sich im Zeitraum von Tagen nach hochdosierter Antibiotikagabe bei einer Infektion mit gramnegativen Keimen.

Ⓐ Da Penicillin besonders wirksam grampositive Keime bekämpft, ist ein Endotoxinschock auch keine Nebenwirkung von Penicillin.
Interessante Nebenwirkungen wären z. B. Überempfindlichkeitsreaktionen, Blutbildveränderungen, Nierenentzündungen, Störung der körpereigenen Flora.

Ⓑ Nach einer bakteriellen Fehlbesiedlung des Darmes kann

- eine **KOLITIS** (*Dickdarmentzündung*) auftreten,
- ein **VITAMIN K - MANGEL** oder eventuell
- eine funktionelle **ABWEHRSCHWÄCHE**.

Ⓓ Eine mögliche Komplikation des septischen Schocks ist, daß der Patient verstirbt. *Die Herxheimer-Reaktion **IST** der septische Schock, keine Komplikation davon.*

Ⓔ Eine **ALLERGIE** auf Bakterienplasmide gibt es nicht.

🕮 **siehe Frage # 3**

*Plasmide sind zusätzliche DNA-Bestandteile der Bakterien; sie befinden sich logischerweise **IM** Bakterium, und kommen normalerweise mit dem menschlichen Serum überhaupt nicht in Kontakt.*

30) Ordnen Sie in der Reihenfolge der Empfindlichkeit auf feuchte Hitze:

- Pilze,
- Tetanussporen,
- Hepatitis-B-Virus

Antwort:

☒ Pilze ➡ Hepatitis-B-Virus ➡ Tetanussporen.

Je „ausgereifter" eine Lebensform ist, desto empfindlicher reagiert sie auf Veränderungen ihrer Umwelt.

- **SPOREN** sind so eine Art „konzentriertes" Bakterium, sie sind wasserarm, haben einen verminderten Stoffwechsel und sind damit relativ unempfindlich auf sich ändernde Umweltbedingungen.

➡ *Außerdem: Sporen werden zur Testung von Sterilisatoren herangezogen*

- Sporenpäckchen,
- Sporenstreifen,
- Attest-Röhrchen.

📖 **siehe Frage # 22**

- **VIREN** haben, im Gegensatz zu Bakterien und Sporen überhaupt **KEINEN EIGENEN STOFFWECHSEL**.

Sie bestehen aus

- **Nukleinsäure,**
- einem **Eiweißmantel** und eventuell noch aus einer Umhüllung drumrum,
- dem **Envelope**.

Wenn die Temperatur hoch genug ist (*ca. 80 °C*), wird das Eiweiß denaturiert und das Virus ist nicht mehr infektiös.

- **LEBENDE BAKTERIEN,** die sog. **VEGETATIVEN FORMEN** haben einen reichhaltigen Stoffwechsel und können deshalb schon bei, für Hygienefachleute, niedrigen Temperaturen abgetötet werden.

  Es gibt zwar einige Bakterienarten, die selbst im kochenden Wasser überleben, diese übertragen aber keine Krankheiten.

- **PILZE** sind stammesgeschichtlich weiterentwickelt als Bakterien. Sie besitzen andere Zellorganellen und andere Zellumhüllungen. Sie sind damit noch leichter abzutöten.

  INFEKTIONSTRÄGER *sind ab einer Temperatur über 180 °C bei genügender Einwirkzeit* ***ALLE*** *abzutöten. Trotzdem gibt es, auch bei ordnungsgemäß sterilisierten Gegenständen manchmal starke* ***FIEBERREAKTIONEN.***
  Diese Reaktionen werden verursacht durch sog. ***PYROGENE,*** *das sind Eiweiße (nichtinfektiös), die das Immunsystem z. T. enorm stimulieren können.*

☞ *Pyrogene werden erst bei einer Temperatur von 200 °C und einer Einwirkzeit von 2 Stunden inaktiviert.*

31) Wie bezeichnet man die Abtötung aller Mikroorganismen, einschließlich der Inaktivierung von Viren?

Antwort:

☒ Sterilisation.

Die **STERILISATION** ist die Abtötung aller Mikroorganismen, einschließlich der Inaktivierung von Viren oder deren vollständige Entfernung.

Bei der Prüfung des Sterilisationsvorgangs wird die **VERMEHRUNGSFÄHIGKEIT** untersucht: wenn sich nach Anlegen einer Bakterien-/Virenkultur nichts mehr rührt, gilt die Sterilisation als erfolgreich.

Die Sterilisation ist sehr von der **EINWIRKZEIT** der physikalischen oder chemischen Einflüsse abhängig.

☞ Erinnern Sie sich noch, es gibt

- thermische Verfahren

  180 °C, 60 Minuten **ohne** Luftumwälzung,
  180 °C, 30 Minuten **mit** Luftumwälzung;

  120 °C, 30 Minuten, 2 bar Dampfdruck,
  134 °C, 5 Minuten, 3 bar Dampfdruck,

- Bestrahlung mit β - und γ -Strahlen
- chemische Mittel (*Äthylenoxid, Formalin*),
- die Sterilfiltration.

☞ *Lernen!*

32) Beurteilen Sie die beiden Aussagen und die Verknüpfung:

Bei einem Heißluftsterilisator ohne Luftumwälzung ist die Abtötungszeit bei 180 °C 60 Minuten,

weil

es nötig ist, daß auch im Inneren des Sterilisationsguts 180 °C erreicht werden.

A) Beide Aussagen und die Verknüpfung sind richtig.
B) Nur beide Aussagen sind richtig.
C) Nur die erste Aussage ist richtig.
D) Nur die zweite Aussage ist richtig.
E) Keine Aussage ist richtig.

Antwort:

☒ Lösung B.

Bei einem Sterilisationsvorgang, der mit thermischen Verfahren abläuft, kann man verschiedene Zeitabschnitte unterscheiden:

➊ Die **ANHEIZZEIT**.

Die Anheizzeit ist die Zeit, die benötigt wird, um den kalten Sterilisator soweit aufzuheizen, daß ein Thermometer, das an der Innenwand des Geräts angebracht ist, die Sterilisationstemperatur anzeigt.

- 180 °C,
- 120 °C,
- 134 °C.

Die Anheizzeit ist von Gerät zu Gerät unterschiedlich und von den Heizelementen abhängig.

➋ Die **AUSGLEICHSZEIT**.

Wenn die Luft im Geräteinnenraum die notwendige **TEMPERATUR** erreicht hat, kann es **IM INNERN DES STERILISATIONSGUTS** noch erheblich kälter sein.
Eine Abtötung von Mikroorganismen erfolgt aber nur, wenn **ÜBERALL** die entsprechende Temperatur herrscht; es dauert also noch einige Zeit bis sich wirklich jeder Winkel entsprechend aufgeheizt hat.

➡ Diese Zeit ist abhängig vom Gerät und vom Sterilisationsgut.

☞ *Wenn man Instrumente sterilisiert, die auf Sieben liegen ist sie kürzer, als wenn man Textilien sterilisiert.*

❸ Die **ABTÖTUNGSZEIT**.

Erst wenn im Innern des Sterilisationsguts die Sterilisationstemperatur erreicht ist, läuft die Zeit (*die Zeit, die Sie jeweils zu den einzelnen Temperaturen gelernt haben*).

Sie setzt sich zusammen aus

- der **EINWIRKZEIT** und
- einem gut dimensionierten **SICHERHEITSZUSCHLAG**.

Sie sehen also, ein normaler Sterilisationsvorgang dauert viel länger als nur die 5, 30 oder 60 Minuten.

In der Praxis kommt hinterher noch die Abkühlungszeit; Sterilisatoren laufen in der Regel über Nacht, am anderen Tag sind die Instrumente o. ä. wieder gebrauchsfertig.

Beide Aussagen stimmen also, **nur die Verknüpfung ist unsinnig**.

33) Nennen Sie

- **Temperatur,**
- **Druck und**
- **Sterilisationsdauer beim Dampfsterilisieren!**

Antwort:

☒ 120 °C, 30 Minuten, 2 bar
☒ 134 °C, 5 Minuten, 3 bar.

Die **DAMPFSTERILISATION** hat gegenüber der Heißluftsterilisation einige Vorteile:

1.) die **KEIMABTÖTUNG** wird durch die Verwendung von feuchter Wärme wesentlich **BESCHLEUNIGT** und

2.) Wasserdampf enthält sehr viel **ENERGIE**, die bei der Kondensation freigesetzt wird, und damit nochmal den Sterilisationsvorgang beschleunigt.

STERILISATIONSZEIT und **-TEMPERATUR** werden **REDUZIERT**.

☞ *Die notwendige Zeit, um Sporen abzutöten kann in heißer Luft* ***1000*** *mal so lang sein, wie in Dampf.*

Das Problem beim Dampfsterilisator ist, daß die Mikroorganismen auch tatsächlich mit dem gespannten Wasserdampf in Berührung kommen. Falls sich irgendwo im Sterilisationsgut ***LUFTINSELN*** *gebildet haben, z. B. in Gummihandschuhpaketen oder in englumigen Geräten, überleben dort die Keime.*

Deshalb haben die meisten Dampfsterilisatoren ***VAKUUMPUMPEN****. Das Sterilisationsgut muß locker und senkrecht zum Dampfstrom gepackt werden, eventuell legt man Papierstreifen dazwischen.*

34) Beschreiben Sie

- **die chirurgische und**
- **die hygienische Händedesinfektion!**

Antwort:

☒ Bei der **CHIRURGISCHEN HÄNDEDESINFEKTION** wäscht man sich erst gründlich die Hände und desinfiziert dann sorgfältig;

☒ bei der **HYGIENISCHEN HÄNDEDESINFEKTION** desinfiziert man ausschließlich.

- Die **CHIRURGISCHE HÄNDEDESINFEKTION** wendet man vor Operationen an.
  Sie soll die **KEIMZAHL** an der Hand und am Unterarm möglichst **STARK REDUZIEREN**.

VORGEHEN:
man wäscht sich die Hände und Unterarme 2 Minuten lang mit Seife und lauwarmem Wasser und bürstet sich die Nägel. Danach trocknet man sich die Hände mit einem sterilen Einmalhandtuch.
Zur Desinfektion verreibt man 2 Minuten lang 10 ml eines (*zugelassenen*) Desinfektionsmittels auf Hände und Unterarme, dann bürstet man die Nägel 1 Minute mit steriler Nagelbürste und Desinfektionsmittel, und verreibt dann nochmal 10 ml 2 Minuten lang auf den Händen. Das Desinfektionsmittel läßt man dann auf der Haut trocknen.

- Bei der **HYGIENISCHEN HÄNDEDESINFEKTION** sollen lediglich die **ANFLUGKEIME** abgetötet werden.
  Die hygienische Händedesinfektion wendet man an, wenn man mit Keimen in Kontakt gekommen ist.

VORGEHEN:
man verreibt 5 ml eines Desinfektionsmittels auf den Händen und läßt es ca. 30 Sekunden einwirken.
Falls man möchte, kann man sich danach die Hände mit Wasser und Seife waschen, notwendig ist es nicht.

☞ *Um die eigene Hautflora nicht vollends zu ruinieren, empfiehlt es sich, zwischendurch Handcremes zu verwenden.*

35) Wie kann man Wäsche desinfizieren?

Antwort:

☒ Hauptwaschgang mit Vorwäsche bei mindestens 60 °C; Spülung mit Chlor.

- Man kann **WÄSCHE** entweder in ein **DESINFEKTIONSMITTEL** (*Phenole, Formalin, Chlor*) einlegen und dann waschen, oder
- man kann gleich **BEIM WASCHEN** desinfizieren.

☞ *Einfacher und zuverlässiger ist die 2. Methode:*

Bei den heutigen Waschmitteln reicht größtenteils schon ein erweiterter Hauptwaschgang, bzw. eine Vorwäsche mit Hauptwäsche um bakterienhaltige Verschmutzungen abzulösen.
Vegetative Formen der Bakterien überleben 60 °C in der Regel nicht.

Deshalb kann das Waschwasser auch normal, über die Kanalisation entsorgt werden.

☞ *Eine andere Möglichkeit ist das **NACHSPÜLEN MIT CHLOR**:*

Die saubergewaschene Wäsche wird im Spülgang desinfiziert.

Chlor ruiniert die Farben, deshalb sind Ärzte- und Laborkittel immer (früher oder später) weiß.

36) Beurteilen Sie die beiden Aussagen und die Verknüpfung:

Bei Anwendung von feuchtem Dampf von 80 °C bis 100 °C über einige Minuten kann eine Abtötung aller Bakterien erreicht werden,

weil

intrazelluläre Enzyme i. d. R. bereits bei 60 °C inaktiviert werden.

A) Beide Aussagen und die Verknüpfung sind richtig.
B) Nur beide Aussagen sind richtig.
C) Nur die erste Aussage ist richtig.
D) Nur die zweite Aussage ist richtig.
E) Keine Aussage ist richtig.

Antwort:

☒ Lösung D.

Eine Abtötung aller Bakterien nennt man **STERILISATION**.

Eine Sterilisation erreicht man bei

- 180 °C 60 Minuten ohne Luftumwälzung, bzw.
- 180 °C 30 Minuten mit Luftumwälzung,

- 120 °C, 30 Minuten, 2 bar Dampfdruck oder
- 134 °C, 5 Minuten, 3 bar Dampfdruck.

*Wissen Sie die anderen Methoden noch? Wenn nicht - bei **Frage # 25** nachschaun!*

Die erste Behauptung ist also falsch.

➠ Die Anwendung von feuchtem Dampf von knapp 100 °C führt zu einer **VERMINDERUNG DER KEIMDICHTE** - also zu einer **DESINFEKTION**.

ENZYME sind komplizierte Faltungen von Ketten von Aminosäuren (*Eiweißen*), die bei Erwärmung leicht verformt werden können. Normalerweise ist für ein Bioenzym schon eine Temperatur von 45 °C zu hoch.

Die Aussage 2 ist also richtig.

37) Welche Aussage/n ist/sind richtig?

a) Bei der Anwendung von UV-Strahlen kann Keimfreiheit der Luft erzielt werden.
b) Bei der Händedesinfektion mit 80 %igem Alkohol werden Sporen nicht erfaßt.
c) Jod wirkt desinfizierend.
d) Formalin ist kanzerogen und allergen.
e) Zur Flächendesinfektion können Phenole Verwendung finden.

A) Alle Aussagen sind richtig.
B) Nur Aussagen b, c und e sind richtig.
C) Nur Aussagen a und c sind richtig.
D) Nur Aussagen b, c, d und e sind richtig.
E) Nur Aussagen c und d sind richtig.

Antwort:

☒ Lösung D.

Denken Sie dran:

ⓐ **KEIMFREIHEIT** bedeutet **STERILISATION**;
und die Sterilisationsverfahren kennen Sie mittlerweile.

Mit UV-Strahlen kann eine **VERMINDERUNG DER KEIMDICHTE**

➠ **DESINFEKTION** erreicht werden.

Ansonsten ist hier nach **DESINFEKTIONSVERFAHREN** gefragt.

Es gibt das Verfahren der

- feuchten Hitze: Wasserdampf von 80 °C bis 100°C.
- UV-Strahlen zur Raumdesinfektion.
- Alkohole: 60 %iger n-Propanol, 70 %iger Isopropanol, 80 %iger Äthanol hauptsächlich zur Hautdesinfektion.
- ⓓ Formalin (*Formaldehyd*).
  Formalin ist sehr wirksam und tötet bei etwas höherer Temperatur sogar Sporen ab.
  Allerdings ist es sehr haut- und schleimhautreizend, kann Allergien hervorrufen und gilt als kanzerogen. Wenn man Formalin zur Desinfektion verwendet, braucht man hinterher bestimmte Neutralisierungsmittel.
- ⓔ Phenole (*Karbolsäure*). *Sie sind ebenfalls recht toxisch.*
- Laugen: Kalkmilch ($CaOH_2$)
- Metalle: Quecksilber, Silber, Kupfer, Zinn und ihre Salze.
- ⓒ Halogene: Fluor, Chlor, Brom, Jod und Chlorkalk
- Oxidantien: Ozon, Wasserstoffperoxid, Kaliumpermanganat, Peressigsäure, etc.

ⓑ Bis auf Ozon und Formalin wirken die genannten Desinfektionsmittel alle nicht gegen Sporen und meist nur ungenügend gegen Viren.

38) Welche Fehlerquellen gibt es bei der Instrumentensterilisation?

Antwort:

☒ Eine ungenügende Vorreinigung.

Eine sachgemäße **INSTRUMENTENSTERILISATION** läuft folgendermaßen ab:

- nach dem Gebrauch **DESINFIZIEREN**;
  am sinnvollsten ist ein Einlegen in Desinfektionsmittel.
- Dann werden die Instrumente unter fließendem Wasser gründlich **GEBÜRSTET** (*Gummihandschuhe anziehen*!), und anschließend
- **STERILISIERT**.

Das Bürsten entfernt Reste des Desinfektionsmittels und Verunreinigungen, so daß der Sterilisationsvorgang vollständig ablaufen kann.

☠ *Reste von Desinfektionsmitteln können beim Patienten toxische Schäden hervorrufen.*

☠ *Unter alten Blutkrusten bilden sich gern **LUFTKAMMERN**, in die der Wasserdampf schlecht eindringen kann.*

☞ Es können also nur **saubere** Instrumente ordnungsgemäß sterilisiert werden.

39) Welche Aussage/n ist/sind richtig?

Folgende Gerätschaften in der Naturheilpraxis müssen sterilisiert werden:

a) Berufskleidung
b) Akupunkturnadeln
c) Stethoskop
d) Uringläser
e) Bezug der Untersuchungsliege

A) Alle Aussagen sind richtig.
B) Nur Aussagen b, c und e sind richtig.
C) Nur Aussagen b und d sind richtig.
D) Nur Aussagen a, b, und e sind richtig.
E) Nur Aussage c ist richtig.

Antwort:

☒ Lösung C.

Nicht alles, was mit Patienten in Berührung kommt, muß **KEIMFREI** sein.

Nur Gerätschaften, die die intakte Haut oder Schleimhaut **VERLETZEN**, sowie manche **LABORBEHÄLTNISSE** oder Behältnisse, die für sterile Flüssigkeiten bestimmt sind, müssen sterilisiert werden:

- Spritzen,
- Kanülen,
- ⓑ Akupunkturnadeln,
- Skalpelle etc.

ⓓ Bei der Standarduntersuchung des Urins ist immer auch ein Test auf Bakterienwachstum (*Nitrit*) dabei. Um eine ordentliche Testauswertung zu gewährleisten, müssen **URINGLÄSER** deshalb sterilisiert werden.

Der Rest,

- ⓒ Stethoskop,
- ⓐ Berufskleidung,
- ⓔ Liegenbezug braucht nur **DESINFIZIERT** zu werden.

40) Welche Möglichkeiten der Wasserdesinfektion kennen Sie?

Antwort:

☒ Abkochen,
☒ Chlorierung.

Die **DESINFEKTION VON WASSER** kann erfolgen durch

- **ERHITZUNG**,
- **BESTRAHLUNG**,
- **FILTRATION**,
- **OZON**,
- **SILBER** oder
- **CHLOR**.

- Die **CHLORIERUNG** ist am weitesten verbreitet, da Chlor nicht so schnell an Wirkung verliert wie andere Substanzen. Dem Trinkwasser z. B. sind geringe Mengen an Chlor beigesetzt.
  Nachteil: je mehr organische Bestandteile das Wasser enthält, umso schneller wird das zugesetzte Chlor inaktiviert - man nennt das die ***CHLORZEHRUNG***.

- Eine, in der Natur verbreitete Methode der Wasserreinigung, ist die **FILTRATION**: als Filter wirken hierbei verschiedene Erdschichten. **GRUNDWASSER** ist Wasser von hoher Sauberkeit und Qualität.

- **OZON** ist zwar recht wirkungsvoll bei der Wasserdesinfektion, aber auch recht teuer; es wird nicht sehr oft verwendet.

- **SILBERIONEN** können für kleinere Wassermengen (*z. B. Trinkwasser in den Tropen*) verwendet werden.
  Nachteil: langsamer Wirkungseintritt.

- Bestrahlungen mit **UV-LICHT** sind wirksam bei klarem Wasser, nicht bei Eintrübungen.

- Im Einzelfall ist nach wie vor das **ABKOCHEN** am sichersten:

  ➠ 10 Minuten lang kochen.

  Die meisten pathogenen Keime sind dadurch abgetötet.

41) Welche Aussage ist falsch?

Folgende Übertragungsarten von Erregern sind denkbar:

A) Tröpfcheninfektion
B) Staubinfektion
C) Kontaktinfektion
D) (*Blut-*) Transfusion
E) Transduktion

Antwort:

☒ Lösung E.

Ⓔ Die **TRANSDUKTION** ist einen Übertragung von Bakterien-DNA mittels eines Phagen auf ein anderes Bakterium

🕮 **siehe Frage # 7**

Durch die Transduktion kann z. B. **ANTIBIOTIKARESISTENZ** übertragen werden.

Die **EPIDEMIOLOGIE** kennt folgende **ÜBERTRAGUNGSWEGE** von Erregern:

❶ **DIREKTE ÜBERTRAGUNG.**

Hierbei werden die Erreger direkt von einem Menschen auf den anderen übertragen.

Ⓒ
- Kontaktinfektion
  (*Bakterien sitzen z. B. auf der Haut der Hände*) und

Ⓐ
- Tröpfcheninfektion
  (*Bakterien sind im Nasensekret, Bronchialsekret und werden durch Niesen oder Husten verbreitet*).

❷ **INDIREKTE ÜBERTRAGUNG.**

Hierbei werden die Bakterien auf **GEGENSTÄNDE** übertragen und von diesen kann sich ein Anderer anstecken:

- Spielzeug,
- Lebensmittel,
- Gemeinschaftshandtücher,

Ⓑ
- Staub.

❸ **VERTIKALE ÜBERTRAGUNG.**

Manche Erreger sind z. B. **PLAZENTAGÄNGIG**.

- Sie werden von der Mutter auf die Nachkommen übertragen.

❹ **IATROGENE ÜBERTRAGUNG.**

Sie ist eigentlich eine indirekte Übertragung. Kontaminierte Gegenstände in der Arzt- (*HP-*) Praxis, die ungenügend sterilisiert sind, bzw. die Erreger enthalten, können Krankheiten übertragen:

Ⓓ

- unsaubere Spritzen,
- Nadeln,
- Blutkonserven,
- Instrumente etc.

42) Welche Aussage/n ist/sind richtig?

- **a)** Bei einer Kontaktinfektion kommt es zur Übertragung der Erreger z. B. durch gemeinschaftlich benutzte Handtücher.
- **b)** AIDS wird durch Tröpfcheninfektion verbreitet.
- **c)** Hepatitis B kann durch Geschlechtsverkehr übertragen werden.
- **d)** Alle Kontaktinfektionen sind bei Erkrankung und Tod meldepflichtig.
- **e)** Staubinfektionen sind z. B. bei sporenbildenden Clostridien möglich.

- **A)** Alle Aussagen sind richtig.
- **B)** Nur Aussagen a, c und e sind richtig.
- **C)** Nur Aussagen b, c und d sind richtig.
- **D)** Nur Aussagen c und e sind richtig.
- **E)** Nur Aussagen a und d sind richtig.

Antwort:

☒ Lösung D.

ⓐ Eine Kontaktinfektion ist ein Ansteckungsmodus, bei dem Bakterien **DIREKT** vom Träger auf Andere verbreitet werden.
*Das berühmte feuchte Gemeinschaftshandtuch ist der Prototyp einer **INDIREKTEN INFEKTION**.*

ⓑ AIDS bekommt man nicht, wenn man von einem Infizierten angeniest wird; dazu bedarf es schon härterer Maßnahmen.
Meistens werden **KINDERKRANKHEITEN** durch Tröpfcheninfektionen verbreitet.

ⓒ Hepatitis B kann tatsächlich **VENERISCH** übertragen werden.
📖 **Näheres siehe Amtsarztfragen INFEKTIONSKRANKHEITEN.**

ⓓ Selbstverständlich sind **NICHT ALLE** direkt übertragenen Infektionen meldepflichtig.
MELDEPFLICHTIG sind die Erkrankungen, die im **BUNDESSEUCHENGESETZ** aufgeführt sind.
📖 **siehe Amtsarztfragen GESETZESKUNDE**

ⓔ **STAUBINFEKTIONEN** kommen bei **CLOSTRIDIEN** häufig vor. Sporen dieser Bakterien sind in jedem normalen Staub enthalten.
Jede Wunde ist damit potentiell infektgefährdet mit Tetanus und/oder Gasbrand.
☞ *Übrigens: sind Sie tetanusgeimpft?*

43) Beurteilen Sie die beiden Aussagen und die Verknüpfung:

Bakterizide, wie z. B. Penicillin reduzieren nach 2 Stunden Einwirkzeit die Keimzahl um 99,9 %,

weil

hierbei statistisch keine weitere Vermehrung der Keime im Körper zu erwarten ist.

A) Beide Aussagen und die Verknüpfung sind richtig.
B) Nur beide Aussagen sind richtig.
C) Nur die erste Aussage ist richtig.
D) Nur die zweite Aussage ist richtig.
E) Keine Aussage ist richtig.

Antwort:

☒ Lösung B.

In der **CHEMOTHERAPIE DER INFEKTIONSKRANKHEITEN** (*Antibiotika*) unterscheidet man bezüglich des Wirkungsmechanimus Stoffe, die in erster Linie das

- **BAKTERIENWACHSTUM HEMMEN**
  ➠ **BAKTERIOSTATISCHE STOFFE,**

  und solche,

- die **BAKTERIEN ABTÖTEN**
  ➠ **BAKTERIZIDE STOFFE.**

- Unter der **ABTÖTUNG** der Bakterien versteht man in der Mikrobiologie einen **VERLUST DER VERMEHRUNGSFÄHIGKEIT**, und zwar sinkt dabei per definitionem die Zahl der vermehrungsfähigen Keime um 99,9 %, wenn das Antibiotikum 2 Stunden auf die Bakterienkolonie eingewirkt hat. **PENICILLINE** sind **BAKTERIZID**; sie hemmen die Neubildung des Mureinmoleküls (*der Zellwand*). Sie wirken besonders gut bei **GRAMPOSITIVEN KEIMEN**, vornehmlich dann, wenn die Bakterien sich gerade vermehren (*degenerativ bakterizid*).

  Bakterien, die sich momentan in einer Ruhephase befinden, werden von Penicillinen nicht abgetötet.

  Weitere **BAKTERIZIDE** Antibiotika wären z. B.

  - Cephalosporine,
  - Aminoglykoside,
  - Polymyxine.

- Beispiele für **BAKTERIOSTATISCHE** Antibiotika wären:

    - Tetracycline und
    - Sulfonamide.

☞ *Bedenken Sie aber bezüglich der Situation im menschlichen Körper: man hat Schwierigkeiten, die Antibiotika auch wirklich dorthin zu bringen, wo sie die Bakterien bekämpfen sollen, geschweige denn, daß sie auch tatsächlich 2 Stunden auf den Bakterienherd einwirken.*
*Einen bestimmten **BLUTSPIEGEL** aufzubauen ist relativ leicht, die Chemotherapeutika in entzündete Gebiete einzuschleusen ist eine andere Sache.*

*Die Realität sieht so aus, daß, egal, wie hochpotent ein Antibiotikum ist, es nur die **KÖRPEREIGENE ABWEHR UNTERSTÜTZEN** kann, nicht ersetzen.*

*Deshalb sind Infektionen bei **AIDS** kaum zu beherrschen. Antibiotika verhindern meist nur die zu rasche Vermehrung von Keimen im Körper, letztlich entfernen kann sie nur das körpereigene Abwehrsystem.*

44) Beurteilen Sie die beiden Aussagen und die Verknüpfung:

Gramnegative Bakterien haben eine dünnere Zellwand,

deshalb

sind gramnegative Bakterien immer kleiner als grampositive Bakterien.

A) Beide Aussagen und die Verknüpfung sind richtig.
B) Nur beide Aussagen sind richtig.
C) Nur die erste Aussage ist richtig.
D) Nur die zweite Aussage ist richtig.
E) Keine Aussage ist richtig.

Antwort:

☒ Lösung C.

Wenn Sie sich an das Schema aus **Frage # 4** erinnern, wissen Sie noch, daß

- **GRAMPOSITIVE BAKTERIEN** eine **DICKE MUREINSCHICHT** um ihre Zellmembran herum besitzen,
- **GRAMNEGATIVE** Bakterien besitzen eine **DÜNNE MUREINSCHICHT**, dafür aber außen nochmals eine **2. DOPPELLIPIDSCHICHT** (***MEMBRAN***).

Das Kristallviolett bei der Gramfärbung verfängt sich quasi in der dicken Mureinschicht und läßt sich durch Alkohol nicht mehr herauslösen.
➡ **GRAMPOSITIV**.

Die dünne Mureinschicht und vor allem die zusätzliche Membran außen herum verhindern das Festsetzen der Farbe.
➡ **GRAMNEGATIV**.

Die erste Aussage ist also richtig.

Die Größe von Bakterien hat mit der Beschaffenheit ihrer Zellwand direkt nichts zu tun.

Große Bakterien sind z. B. der

- Bacillus anthracis (*10 x 1,5 μ*) oder
- Treponema pallidum (*15 x 0,2 μ*),

kleine Bakterien sind z. B.

- Chlamydien (*0,3 μ Durchmesser*).

45) Welche Aussage/n zur Schutzimpfung ist/sind richtig?

a) Bei der passiven Immunisierung werden dem Körper abgeschwächte Erreger verabreicht.
b) Eine passive Immunisierung ist nur durch eine i. v. - Gabe des Impfserums möglich.
c) Aktive Immunisierungen können (*in Ausnahmefällen*) zu einem Ausbruch der Krankheit führen.
d) Bei einer akuten Erregerexposition muß schnellstens Gammaglobulinserum gegeben werden.
e) Die passive Immunisierung verleiht nur einem kurzdauernden Schutz gegen Ausbruch der Krankheit.

A) Alle Aussagen sind richtig.
B) Nur Aussagen c, d und e sind richtig.
C) Nur Aussagen a und c sind richtig.
D) Nur Aussagen a, b und d sind richtig.
E) Nur Aussage c ist richtig.

Antwort:

☒ Lösung B.

ⓐ Bei der **PASSIVEN IMMUNISIERUNG** werden dem Körper **ANTIKÖRPER** verabreicht. Die Antikörperlösung heißt auch

- **HYPERIMMUNSERUM** oder
- **GAMMAGLOBULINSERUM.**

siehe Frage # 15

ⓓ Bei einer akuten Erregerexposition, d. h. wenn die Erreger bereits die Haut- oder Schleimhautschranke durchbrochen haben, kann eine Gabe von Hyperimmunserum den Ausbruch der Krankheit **VERHINDERN.**

ⓑ Beispiel: die Tetagamimpfung bei Bagatellverletzungen und Verdacht auf ungenügenden Impfschutz.
Da Antikörper ***EIWEISSMOLEKÜLE*** *sind, besteht bei der i. v. Gabe die Möglichkeit dadurch das Immunsystem stark zu stimulieren, eventuell bis zum Schock. Deshalb verabreicht man Gammaglobulinseren lieber* ***INTRAMUSKULÄR****. Die Tetagamimpfung ist eine i.m.-Impfung.*

ⓔ Die applizierten Antikörper werden jedoch relativ schnell vom körpereigenen Immunsystem **ABGEBAUT.** Wenn die Antikörper aus dem Blut/Gewebe verschwunden sind, besteht **KEIN IMMUNSCHUTZ** mehr. Die Antikörper sind spätestens nach 3 Wochen nicht mehr nachweisbar.

Bei der **AKTIVEN IMPFUNG** werden dem Körper

- abgeschwächte Erreger,
- abgeschwächte Toxine oder
- abgetötete Bakterien verabreicht.

Die aktive Impfung setzt also kleine Entzündungen, bzw. führt zu einer Erkrankung, ähnlich wie die, die man verhindern möchte, nur in sehr, sehr abgeschwächter Form. Normalerweise ist die Reaktion des Körpers so schwach, daß sie nicht nachweisbar ist - außer an der Antikörperbildung.

☞ Mit aktiven Impfstoffen dürfen deshalb **NUR GANZ GESUNDE** geimpft werden.

☠ Möglicherweise auftretende Komplikationen können sein:

☠ die **IMPFREAKTION**:

- Rötung,
- Schmerz,
- Lymphknotenschwellung,
- Fieber bis Schüttelfrost,
- Unwohlsein,
- Gelenksbeschwerden.

Diese Beschwerden sind alle reversibel.

☠ die echten **KOMPLIKATIONEN**:

- ☠ Meningitis,
- ☠ Encephalitis,
- ☠ Rückmutation der abgeschwächten Erreger und damit Ausbruch der Krankheit. ©

§§ Impfkomplikationen müssen dem Gesundheitsamt gemeldet werden und werden entschädigt.

Der große Vorteil der aktiven Schutzimpfung ist aber der **LANGANDAUERNDE IMPFSCHUTZ**, z. T. lebenslang.

46)Welche Aussage ist falsch?

Impfungen dürfen nicht durchgeführt werden bei:

A) schweren angeborenen Hirnschäden.
B) Rheuma.
C) Patienten in der Rekonvaleszenz.
D) Blutspendern.
E) Schwangeren.

Antwort:

☒ Lösung D.

IMPFUNGEN dürfen **GRUNDSÄTZLICH NUR BEI GESUNDEN PATIENTEN** durchgeführt werden.

ABSOLUTE KONTRAINDIKATIONEN für die Impfung sind:

Ⓒ
- Patienten in der **REKONVALESZENS**,
- Patienten mit **AKUTEN KRANKHEITEN DES ZNS**,

Ⓑ
- **RHEUMATIKER** (*Autoimmunkrankheit!*),

Ⓐ
- Patienten mit **ANGEBORENEN HIRNSCHÄDEN** (*das Immunsystem wird auch vom Gehirn unterstützt*),
- Patienten mit **KINDLICHEN EPILEPSIEFORMEN** (*kindliche Epilepsien resultieren meist aus angeborenen Hirnschäden*),
- Patienten mit schwerer **ALLERGIE** oder
- Patienten mit **SCHWEREN ORGANVERÄNDERUNGEN**.

Eine Impfung mit **LEBENDIMPFSTOFFEN** ist kontraindiziert bei

- **IMMUNDEFEKTEN**,
- bei **LEUKÄMIEN** oder **M. HODGKIN**, und

Ⓔ
- bei **SCHWANGEREN** im 1. Trimenon.

Ⓓ Blutspender dürfen geimpft werden.

47) Beurteilen Sie die beiden Aussagen und die Verknüpfung:

Die Herxheimer-Reaktion ist eine bestimmte Färbemethode,

weil

die Herxheimer-Reaktion nur bei gramnegativen Bakterien auftritt.

A) Beide Aussagen und die Verknüpfung sind richtig.
B) Nur beide Aussagen sind richtig.
C) Nur die erste Aussage ist richtig.
D) Nur die zweite Aussage ist richtig.
E) Keine Aussage ist richtig.

Antwort:

☒ Lösung D.

Die **HERXHEIMER-REAKTION** ist eine **DILATATION PERIPHERER ARTERIOLEN**, so daß es zum **VERSACKEN DES BLUTS IN DER PERIPHERIE** kommt.

Die zirkulierende Blutmenge wird dadurch vermindert und beschränkt sich auf

- Herz,
- Lunge und
- Gehirn.

☞ Man nennt diesen Zustand den **ENDOTOXIN-SCHOCK**.

siehe auch VADEMECUM,
Amtsarztfragen HERZ/KREISLAUF Klinik und
Amtsarztfragen HERZ/KREISLAUF Vorklinik.

Die Arteriolendilatation wird hervorgerufen durch **BESTANDTEILE DER ÄUSSEREN MEMBRAN VON GRAMNEGATIVEN BAKTERIEN**.

Wenn, im Rahmen einer Antibiotikatherapie, viele gramnegative Keime auf einmal abgetötet wurden, und viele dieser Membranbestandteile freigeworden sind, öffnen sich auch entsprechend viele Arteriolen, so daß sich der Schock **INNERHALB VON WENIGEN TAGEN** ausbilden kann.

Diese freiwerdenden Membranbestandteile nennt man auch **ENDOTOXIN** (*weil das Toxin erst **IM** Körper gebildet wird*).

- Endotoxin, den
- Endotoxinschock und die
- Herxheimer-Reaktion

gibt's also nur bei **GRAMNEGATIVEN** Keimen

➡ zweite Aussage richtig.

Von den diversen **FÄRBEMETHODEN** sollten Sie

- die Gramfärbung und
- die Ziehl-Neelsen-Färbung (*Mykobakterien*) kennen.

Die Färbemethoden nutzen den unterschiedlichen Zellwandaufbau aus; sie sagen nichts darüber aus, wie der Körper auf bestimmte Keime reagiert.

48) Welche Aussage/n ist/sind richtig?

Sterilisation ist:

a) die Abtötung aller Bakterien.
b) die Inaktivierung aller Viren.
c) lediglich die Inaktivierung der vegetativen Formen von Bakterien.
d) das Abreiben der Haut mit 60 %igem Propanol (*Alkohol*).
e) das Abwischen einer Arbeitsfläche mit Phenolen mit der 2-Eimer-Methode.

A) Alle Aussagen sind richtig.
B) Nur Aussagen a und b sind richtig.
C) Nur Aussagen a und d sind richtig.
D) Nur Aussagen c und d sind richtig.
E) Nur Aussagen a, b und e sind richtig.

Antwort:

☒ Lösung B.

Was eine **STERILISATION** ist, sollte man schon wissen:

ⓐ
- das **ABTÖTEN ALLER MIKROORGANISMEN**, einschließlich das

ⓑ
- **INAKTIVIEREN VON VIREN**, bzw.
- die vollständige **ENTFERNUNG** von Bakterien und Viren.

☞ Ein steriler Gegenstand ist **KEIMFREI** - ohne Keime.

STERILISATIONSMETHODEN:

- thermisch (*Heißluft, Dampf*),
- physikalisch (*β- und γ- Strahlen*),
- chemisch,
- Sterilfiltration.

📖 *Wenn Sie die genauen Daten und Verfahren nicht mehr wissen, machen Sie sich die Mühe und schauen bei* ***Frage # 25*** *nach!*

ⓒ Die **INAKTIVIERUNG VON VEGETATIVEN FORMEN** setzt den Gegenstand in die Lage, nicht mehr infizieren zu können;

➡ er ist **DESINFIZIERT**.

ⓓ Die **DESINFEKTIONSMETHODEN** sind bei **Frage # 37** aufgeführt;
Sie sollten wissen, daß man die **HAUT** mit

- **80 %IGEM ÄTHANOL** oder
- **70 %IGEM ISOPROPANOL** oder
- **60 %IGEM PROPANOL** desinfizieren kann.

ⓔ Die 2-Eimer-Methode ist die korrekte Methode zur Flächendesinfektion.

📖 **siehe auch Frage # 73**

49) Beurteilen Sie die beiden Aussagen und die Verknüpfung:

Phagen können Antibiotikarestistenzen von einem Bakterienstamm auf einem anderen übertragen,

weil

Phagen Bakterien-DNA-Fragmente übertragen können.

A) Beide Aussagen und die Verknüpfung sind richtig.
B) Nur beide Aussagen sind richtig.
C) Nur die erste Aussage ist richtig.
D) Nur die zweite Aussage ist richtig.
E) Keine Aussage ist richtig.

Antwort:

☒ Lösung A.

Wenn Sie sich nicht sicher waren, ob Sie Lösung Ⓐ oder Ⓑ nehmen sollten, nehmen Sie Lösung Ⓑ nur, wenn die Verknüpfung ein offensichtlicher Unsinn ist.
Wenn die Verknüpfung mit zwei zugedrückten Augen noch akzeptabel wäre, nehmen Sie Lösung Ⓐ !

PHAGEN sind so eine Art Viren für Bakterien. Sie können sich im Genom des Bakteriums eine Zeitlang aufhalten, und, beim Herauslösen, ein Stück des Bakteriengenoms mitnehmen. Wenn dieses mitgenommene Stück zufällig die Sequenz für die enzymatische Spaltung von Antibiotika enthält, erlangt das Bakterium, das anschließend infiziert wird, einen nicht unerheblichen Selektionsvorteil.

Diesen Vorgang der Übertragung von DNA von einem Bakterium auf ein anderes nennt man

- **TRANSDUKTION.**

siehe Frage # 7

Wenn sich also Bakterien längere Zeit zusammen irgendwo aufhalten, kann man davon ausgehen, daß nach einiger Zeit alle die gleichen Resistenzmuster aufweisen, egal um welche Art von Bakterium es sich handelt.

*Besonders viele, gefährliche Bakterien halten sich auf **INTENSIVSTATIONEN** auf: wenn es deshalb hier zu Infektionsausbrüchen kommt, sind die Erreger fast alle resistent gegen die dort üblichen Antibiotika.*

Der Biochemiker muß also in puncto Entwicklung immer neuer Antibiotikasorten immer dem „Erfindungsreichtum" der Bakterien hinterherlaufen, und ist fast immer einen Schritt zu langsam.

Es ist also besser, sich frühzeitig um die „Pflege" seines Immunsystems zu kümmern (Sport, Wechselduschen, vernünftige Ernährung), als bei jeder Kleinigkeit Antibiotika zu schlucken.

☞ *Möglicherweise helfen die Antibiotika sonst irgendwann einmal nicht mehr!*

50) Beurteilen Sie die beiden Aussagen und die Verknüpfung:

Im Heißluftsterilisator ist eine Temperatur von 134 °C zur Instrumentensterilisation ausreichend,

weil

bei einer Temperatur von 134 °C, 2 atü und 5 Minuten Einwirkzeit pathogene Bakterien und Viren abgetötet werden.

A) Beide Aussagen und die Verknüpfung sind richtig.
B) Nur beide Aussagen sind richtig.
C) Nur die erste Aussage ist richtig.
D) Nur die zweite Aussage ist richtig.
E) Keine Aussage ist richtig.

Antwort:

☒ Lösung D.

Sind Sie auf die Fragestellung reingefallen?

Im ersten Teil wurde nach dem **HEISSLUFTSTERILISATOR** gefragt:

- 180 °C 60 Minuten mit,
- 180 °C 30 Minuten ohne Luftumwälzung.

Die zweite Aussage beschreibt exakt den **DAMPFSTERILISATOR**:

- 134 °C, 5 Minuten, 3 bar (= *2 atü*), oder
- 120 °C, 30 Minuten, 2 bar (= *1 atü*).

☞ *Sterilisationsmethoden sollten sitzen!*

51) Welche Aussage ist falsch?

A) Manche Bakterien leben und vermehren sich obligat intrazellulär.
B) Bakterien sind Prokaryonten.
C) Bakterien können sich unter Umständen zu mehrzelligen Organismen zusammenlagern.
D) Bakterien wurden von Robert Koch entdeckt und klassifiziert.
E) Bakterien haben keinen Zellkern.

Antwort:

☒ Lösung C.

Ⓑ Bakterien gehören zu den **PROKARYONTEN**.

Sie haben gegenüber der eukaryonten („*normalen*“) Zelle einige Besonderheiten:

- sie besitzen eine besonders strukturierte **ZELLWAND** mit Murein,
- Ⓔ sie haben keine extra Membran (*Kernmembran*) um ihr DNA-Molekül, also keinen eigentlichen **ZELLKERN**,
- sie besitzen keine Mitochondrien, Chloroplasten und ähnliche **ORGANELLEN**.

Unter dem Bakterien gibt es, genau wie überall, auch bequeme Individuen: warum selber machen, was man bei anderen abstauben kann. So entwickelten sich einige Bakterien zurück, d. h. sie verloren ihre Zellwand und z. T. ihren energieerzeugenden Apparat und lassen sich von ihren Wirtszellen durchfüttern:
➡ die Mykoplasmen.

Ⓐ Aufgrund ihrer obligat intrazellulären Lebensweise hielt man sie lange Zeit für Viren, bis man entdeckte, daß sie durchaus einen eigenen Stoffwechsel haben, aber ATP von der Wirtszelle benötigen.

Ⓓ Bakterien sind eigentlich schon lange bekannt - seit 1673. Nur hatte man sie damals nicht mit Krankheiten in Verbindung gebracht.
Dieses Verdienst gebührt Robert Koch. Er klassifizierte verschiedene Bakterien und ordnete sie Krankheiten zu (*Milzbrand, Tuberkulose, Cholera, Malaria, Rückfallfieber, etc.*).

Ⓒ Die Bildung mehrzelliger Organismen gibt es aber erst bei den Pilzen. Pilze können einzeln, als Hyphen oder mehrzellig, als Fruchtkörper leben. Im Fruchtkörper übernehmen unterschiedliche „Pilzindividuen“ unterschiedliche Aufgaben.

☞ *Bakterien leben immer einzeln; Bakterienkolonien sind Ansammlungen von Individuen ohne Arbeitsteilung.*

52) Welche Zuordnung ist richtig?

A)	Prävalenz -	prozentuales Erkrankungsrisiko
B)	Epidemie -	Zug einer Infektionskrankheit um die ganze Welt
C)	Letalität -	Anzahl der bereits Verstorbenen an einer Krankheit
D)	Inzidenz -	Zeitpunkt des Beginns einer Epidemie
E)	Endemie -	beispielsweise Malaria in einem Sumpfgebiet

Antwort:

☒ Lösung E.

*Einige Begriffe aus der **EPIDEMIOLOGIE** (Wissenschaft vom Auftreten einer Infektionskrankheit) werden gerne gefragt:*

- Die **PRÄVALENZ** ist der **BESTAND DER ERKRANKTEN** zu einem bestimmten Zeitpunkt.
  Wenn man die Statistik eines Jahres erstellen möchte, stellt man erst mal fest, wieviele Erkrankungsfälle **FRÜHER** überhaupt schon aufgetreten sind, z. B. in der Zeit seit Gründung der Bundesrepublik.
  *Die Prävalenz ist eine numerische **ZAHL** (1, 3, 6, 100, etc.).*

- Die **INZIDENZ** ist die **ANZAHL DER NEUERKRANKUNGEN** in einem bestimmten Zeitraum.
  Bei Statistiken des Bundesgesundheitsamts wird diese Anzahl meist bezogen auf ein Kalenderjahr und auf 100.000 Personen angegeben.
  Die Inzidenz ist eine numerische Zahl.

- Die **MORBIDITÄT** ist die **ANZAHL DER ERKRANKTEN** im Beobachtungszeitraum, meist bezogen auf eine bestimmte Anzahl Einwohner (*100.000*).
  Auch die Morbidität ist eine Zahl.

- die **MORTALITÄT** ist die **ANZAHL DER VERSTORBENEN** an einer Krankheit, bezogen auf den Beobachtungszeitraum und Bevölkerungsanzahl.
  Die Mortalität ist ebenfalls eine Zahl.

- die **LETALITÄT** errechnet sich aus Verstorbene/100 Erkrankte.
  Sie ist eine **PROZENTZAHL** und gibt quasi die **GEFÄHRLICHKEIT** der Erkrankung wieder.

🕮 **siehe Frage # 18**

- Eine **EPIDEMIE** ist ein **ZEITLICH UND RÄUMLICH BEGRENZTES** Auftreten einer Infektionskrankheit.

☞ *Beispiel: Cholera in Peru oder, ganz aktuell zur Prüfung, in Ruanda.*

- Eine **ENDEMIE** ist ein **ÖRTLICH BEGRENZTES, ZEITLICH UNBEGRENZTES** Auftreten einer Infektionskrankheiten.

☞ *Klassisches Prüfungsbeispiel: das Auftreten von Malaria im Sumpfgebiet, oder FSME in Waldgebieten.*

- Eine **PANDEMIE** ist ein Infektionskrankheit, die einmal **RUND UM DEN GLOBUS** läuft, aber **ZEITLICH BEGRENZT** ist.

☞ *Beispiel: die Schweinegrippe, AIDS.*

53) Welche Aussage/n ist/sind richtig?

a) UV-Strahlen vermindern die Keimdichte der Luft.
b) UV-Strahlen können zur Sterilisation eingesetzt werden.
c) Bei Grippe sollte man eine UV-Bestrahlung (*Höhensonne, besonders UV-B-Strahlen*) vornehmen.
d) UV-Strahlen können zu Augenschäden führen.
e) In Säuglingsstationen dürfen UV-Strahlen nicht eingesetzt werden.

A) Alle Aussagen sind richtig.
B) Nur Aussagen a und c sind richtig.
C) Nur Aussagen a, d und e sind richtig.
D) Nur Aussagen a, b und d sind richtig.
E) Nur Aussage c ist richtig.

Antwort:

☒ Lösung C.

ULTRAVIOLETTE STRAHLEN sind elektromagnetische Wellen mit einer kürzeren Wellenlänge als sichtbares Licht: zwischen 280 und 400 nm.

Man unterscheidet:

- eine **UV-A-STRAHLUNG** - sie wird hauptsächlich in Solarien eingesetzt,
- eine **UV-B-STRAHLUNG**, sie bewirkt in der Haut eine Vitamin-D-Bildung, und
- eine **UV-C-STRAHLUNG**.
  Sie ist sehr energiereich, verursacht

ⓓ ❍ Sonnenbrand und **KONJUNKTIVITIS** und

ⓐ ⓑ ❍ kann zur **KEIMREDUKTION** in Operationssälen z. B. eingesetzt werden.

☞ *Eine Keim-**FREIHEIT** kann durch UV-Strahlen nicht erreicht werden.*

Zum Schutz der Menschen soll diese UV-Bestrahlung nur eingesetzt werden, wenn sich niemand in diesem Raum aufhält;

ⓔ ● auf Säuglingsstationen ist sie generell **VERBOTEN**.

Bei der Bestrahlung der Haut mit UV-Strahlen (*Höhensonne*) entstehen u. a. Beeinflussungen des Abwehrsystems, bzw. eine relativ starke Anregung des Hautstoffwechsels.

ⓒ Für Patienten mit **AKUTEN ERKRANKUNGEN** ist deshalb Höhensonne **UNGEEIGNET**.

☠ *Nicht zuletzt: eine längere Exposition mit UV-Strahlung kann beim Menschen zu bleibenden Hautveränderungen führen!*

➠ ***HAUTKREBS***

54) Wie nennt man Stoffwechselprodukte von Mikroorganismen, die Krankheitserscheinungen hervorrufen können?

Nennen sie hierfür 3 Beispiele!

Antwort:

☒ Exotoxine.

☒ Beispiele sind:

- Diphtherie,
- Cholera,
- Botulismus.

Für die schädigende Wirkung von Bakterien sind meistens **TOXINE** verantwortlich.

Man unterscheidet:

- **EXOTOXINE.**
  Stoffwechselendprodukte, die von ***LEBENDEN BAKTERIEN*** *abgegeben werden.*
  Eine Untergruppe der Exotoxine sind

- **ENTEROTOXINE.**
  Enterotoxine wirken im ***DARM*** *und verursachen Permeabilitätsstörungen (Durchfall). Die Bakterien selbst leben im Darmlumen.*

- **ENDOTOXINE.**
  Endotoxine werden bei der ***ZERSTÖRUNG GRAMNEGATIVER BAKTERIEN*** *frei.*
  Sie können einen ***ENDOTOXINSCHOCK*** *auslösen.*
  ➡ *Diese Reaktion heißt auch* ***HERXHEIMER-REAKTION****.*

Starke **EXOTOXINBILDNER** sind:

- alle Clostridien,
- Shigellen,
- Bacillus anthracis,
- Bordetella pertussis,
- β-hämolysierende Streptokokken der Gruppe A,
- Staphylokokkus aureus,
- Listerien
- Corynebakterium diphteriae.

Einige der meldepflichtigen Infektionskrankheiten sind genau genommen gar keine Infektion

➡ *Eindringen und Vermehren der Erreger unter die Haut/Schleimhautgrenze,*

sondern eigentlich eine **INTOXIKATION**.

☞ Wissenswerte Beispiele:

- Botulismus,
- Diphtherie,
- Staphylokokkus aureus im Kartoffelsalat (*Enteritis infectiosa*) und
- Cholera.

55) Was ist die Inkubationszeit?

Antwort:

☒ Die Inkubationszeit ist die Zeit zwischen Aufnahme der Erreger und ersten Krankheitssymptomen.

Die **INKUBATIONSZEIT** ist abhängig von

- der **ERREGERMENGE**,
- der **VIRULENZ** der Erreger und
- der **ABWEHRLAGE** des Organismus.

Es ist der Zeitraum, der von den Mikroorganismen benötigt wird, um die lokalen Abwehrmechanismen zu durchbrechen.

Nach der Inkubationszeit sind die Erreger kurz im Blut nachweisbar, klinisch bemerkbar am **FIEBER**.

Die Inkubationszeit ist (*relativ*) **ERREGERTYPISCH** und wird zur Identifizierung der Infektionskrankheit herangezogen.

Epidemiologisch wichtig ist, daß bereits in der 2. Hälfte der Inkubationszeit Erreger ausgeschieden werden können. Das bedeutet, der Patient ist bereits infektiös, obwohl er noch keine Krankheitssymptome hat (*AIDS!*).

56) Welche Aussage/n ist/sind richtig?

Eine Ansteckung ist möglich:

a) während der Inkubationszeit.
b) wenn ein Patient lediglich Ausscheider ist.
c) wenn ein Patient passiv immunisiert worden ist.
d) nur wenn der Patient selbst manifest erkrankt ist.
e) nur wenn der Patient keine Antikörper gegen den Erreger gebildet hat.

A) Alle Aussagen sind richtig.
B) Nur Aussagen a und e sind richtig.
C) Nur Aussagen a, c und d sind richtig.
D) Nur Aussagen a und b sind richtig.
E) Nur Aussagen d und e sind richtig.

Antwort:

☒ Lösung D.

Eine **ANSTECKUNG** kann immer dann erfolgen, wenn der Patient Mikroorganismen „streut“.

☞ Ob er selbst manifest erkrankt ist, ist unerheblich.

Eine Ansteckung ist primär möglich:

ⓐ
- während der Inkubationszeit
- während der Erkrankung

ⓑ
- wenn der Patient Ausscheider ist.

ⓓ Damit fallen alle Antworten mit „nur“ schon mal weg.

ⓒ Eine **PASSIVE IMMUNISIERUNG** ist eine Applikation von **ANTIKÖRPERN** nach einer Infektion. Die zugeführten Antikörper neutralisieren die Erreger, so daß ein passiv Immunisierter **NICHT** ansteckt.

Anders ist es bei aktiver Immunisierung: hier werden kleine Infektionen gesetzt; bei schlechter Abwehrlage, bzw. Mutation des Erregers kann es (*selten*) einmal zu einer Ansteckung Unbeteiligter kommen.

ⓔ Wenn ein Patient keine Antikörper bildet, ist der Verlauf der Erkrankung schwerer.

☞ *Er kann andere anstecken, was bei der Frage stört, ist das „**nur**“ in der Antwort.*

57) Beurteilen Sie die beiden Aussagen und die Verknüpfung:

Penicillin ist eine bakteriostatische Substanz,

weil

Penicillin die Zellwände von Bakterien beeinflußt.

A) Beide Aussagen und die Verknüpfung sind richtig.
B) Nur beide Aussagen sind richtig.
C) Nur die erste Aussage ist richtig.
D) Nur die zweite Aussage ist richtig.
E) Keine Aussage ist richtig.

Antwort:

☒ Lösung D.

PENICILLIN gehört zu der Gruppe der β-Lactam-Antibiotika.

Sie sind

- bakterizid, d. h. bakterientötend wirksam.

Sie hemmen die Bildung von Murein und betreffen so vornehmlich **WACHSENDE BAKTERIEN**. Man nennt solche Stoffe auch

- **DEGENERATIV BAKTERIZID.**

Bakterien, die sich gerade nicht teilen, werden von Penicillin weniger irritiert. Da sich die Bakterien aber nun nicht mehr so schnell vermehren können, hilft Penicillin dem körpereigenen Abwehrsystem.

Weitere Mitglieder der β-Lactam-Gruppe sind

- Aminoglykoside
  (*hierzu gehört das Streptomycin gegen Tbc*) und
- Cephalosporine.

Cephalosporine wirken mehr gegen gramnegative Keime.

siehe auch Frage # 43

58) Welche Aussage ist falsch?

Penicillin kann...

A) allergische Reaktionen hervorrufen.
B) eine Anämie verursachen.
C) die Bildung der Zellwand von Bakterien verhindern.
D) durch Bakterien nie inaktiviert werden.
E) eine Leuko- und Thrombopenie hervorrufen.

Antwort:

☒ Lösung D.

☞ *Ein Trick alter Prüfungshasen: in der Medizin ist „nie", „immer", „ausschließlich" fast* ***nie*** *richtig.*

Ⓒ Penicillin ist degenerativ bakterizid und verhindert die Bildung von Zellwänden.

NEBENWIRKUNGEN können sein:

Ⓐ
- Allergien,
- Durchfälle,
- Venenentzündung,
- Verlängerung der Blutungszeit,

Ⓔ
- Leukopenie,

Ⓔ
- Thrombopenie,
- Agranulozytose,

Ⓑ
- Anämie.

Ⓓ Manche Bakterien besitzen Plasmide

📖 **siehe Frage # 3**

die für Enzyme kodieren, die Lactamringe spalten können. Diese Enzyme heißen **PENICILLINASE**. Deshalb gibt es außer den normalen Penicillinen auch sogenannte penicillinasefeste Penicilline.

Die Chemotherapie von Infektionskrankheiten ist ein ständiger Wettlauf zwischen der Findigkeit des Biochemikers und der „Kreativität" der Mikroorganismen.

59)Welche Aussage/n ist/sind richtig?

Jodoform (*Jodersatzmittel*) kann man für folgende Zwecke einsetzen:

a) Wunddesinfektion bei großflächigen Verbrennungen.
b) alkoholische Lösung zur Hautdesinfektion.
c) als Salbengrundlage zur Abdeckung von Wunden.
d) zum Einnehmen bei Durchfall.
e) zur Instrumentensterilisation.

A) Alle Aussagen sind richtig.
B) Nur Aussagen b und e sind richtig.
C) Nur Aussagen a, b und c sind richtig.
D) Nur Aussage b ist richtig.
E) Nur Aussagen b, c und d sind richtig.

Antwort:

☒ Lösung D.

ⓔ **JOD** als Jodtinktur, als Jodoform oder als PVP-Jod dient der **DESINFEKTION**; es ist zur Sterilisation ungeeignet.

- Die **JODTINKTUR** nimmt man zur Desinfektion **KLEINERER WUNDEN**. Jod hat ein breites Wirkungsspektrum.

  Nachteile sind
  - Gewebeverfärbungen,
  - Allergieentwicklung, bzw.
  - Schmerzempfindung.

  Wenn viel Jod resorbiert wird, sind die Nebenwirkungen ausgeprägter. Deshalb ist es

ⓐ ● für großflächige Wunden,
ⓒ ● als Salbengrundlage (*lange Verweildauer auf der Wunde*) oder
ⓓ ● im Darm (*rasche Resorption*) ungeeignet.

Es entstehen Wundheilungsstörungen, metabolische Acidosen und Nierenschäden.

- **JODOFORM** wird in der **ZAHNHEILKUNDE** verwendet.

- **PVP-JOD** führt weniger schnell zu einer Allergie, ist weniger färbend und genauso gut mikrobizid wirksam wie Jodtinktur.

  Es wird verwendet

ⓑ ○ zur chirurgischen Händedesinfektion,
○ zur Schleimhautdesinfektion und
○ zur Spülung (*bei der Peritonealdialyse z. B.*)

☞ *Möglicherweise ist PVP-Jod aber teratogen.*

60) Beurteilen Sie die beiden Aussagen und die Verknüpfung:

Invertseifen sind für die chirurgische Händedesinfektion besser geeignet als Alkohol,

weil

Alkohol die Haut austrocknet und dadurch die Sporenbildung begünstigt.

A) Beide Aussagen und die Verknüpfung sind richtig.
B) Nur beide Aussagen sind richtig.
C) Nur die erste Aussage ist richtig.
D) Nur die zweite Aussage ist richtig.
E) Keine Aussage ist richtig.

Antwort:

☒ Lösung E.

- Normale **SEIFEN** sind anionische Tenside,
- Invertseifen sind kationische Tenside.

- **INVERTSEIFEN** lagern sich extrem leicht auf Oberflächen an. In sehr hoher Konzentration lösen sie Bakterien von der Oberfläche ab, als Desinfektionsmittel sind sie aber nicht besonders geeignet.

  *Ein weiterer Nachteil von Invertseifen ist, daß sie durch Kalk im Wasser (hartes Leitungswasser) inaktiviert werden. Faktisch bringen Invertseifen nicht allzuviele Vorteile - zur chirurgischen Händedesinfektion ist **ALKOHOL** noch weit besser geeignet.*

- **ALKOHOL** trocknet die Haut sicherlich aus, da Alkohol den **HAUTFETTFILM** löst, und die **VERDUNSTUNG** von Wasser aus der Haut begünstigt. Das bedeutet aber nicht, daß das Hautmilieu so trocken wird, daß die verbleibenden Bakterien Sporen bilden.

  Alkohol als Desinfektionsmittel tötet Sporen leider auch nicht ab, im Gegenteil, man kann Alkohol als Konservierungsmittel für Sporen einsetzen.

☞ Damit sind beide Aussagen falsch - Lösung E.

61)Beurteilen Sie die beiden Aussagen und die Verknüpfung:

Intermittierendes Fieber (*z. B. morgens höher als abends*) kann auf eine Sepsis hinweisen,

weil

die Erreger die lokalen Abwehrbarrieren intermittierend durchbrechen und in die Blutbahn eingeschwemmt werden.

A) Beide Aussagen und die Verknüpfung sind richtig.
B) Nur beide Aussagen sind richtig.
C) Nur die erste Aussage ist richtig.
D) Nur die zweite Aussage ist richtig.
E) Keine Aussage ist richtig.

Antwort:

☒ Lösung A.

Eine **SEPSIS** entsteht dann, wenn ein Erreger die **LOKALEN ABWEHRBARRIEREN** durchbricht, und längere Zeit **IM BLUT** nachweisbar ist. Bei einer Sepsis siedeln sich die Erreger in anderen Organen an und bilden dort **METASTATISCHE EITERHERDE**.

Eine Sepsis ist also eine sehr ernste Erkrankung.

Klinische Kennzeichen sind **FIEBERSCHÜBE**:

- intermittierende Temperaturerhöhungen bis 4 °C, immer dann, wenn wieder ein Schwung Bakterien ins Blut eingeschwemmt wurde.
- Der Patient wirkt schwer krank,
- hat eine grau-fahle Hautfarbe und
- eventuell kleine Einblutungen in der Haut (*Petechien*).
- Die Blutkörperchensenkungsreaktion ist beim Fieberschub hoch, dazwischen kann sie fast normal sein.

Hauptkennzeichen ist also das rasch (*innerhalb eines Tages*) wechselnde Bild.

Bei Verdacht auf eine Sepsis muß unbedingt eine **BLUTKULTUR** angelegt werden; der günstigste Zeitpunkt für die Blutentnahme ist am Beginn des Fieberanstiegs.

62) Was ist Endotoxin, was ist Exotoxin?

Antwort:

☒ Ein Endotoxin ist ein Zerfallsprodukt gramnegativer Bakterien,
☒ ein Exotoxin ist ein Stoffwechselprodukt von Bakterien.

- **EXOTOXIN** wird von lebenden Bakterien produziert. Je mehr Bakterien vorhanden sind, desto mehr Exotoxin ist im Körper, und desto ausgeprägter sind die Krankheitserscheinungen.

- **ENTEROTOXIN** ist ein Exotoxin, das auf die Darmschleimhaut wirkt. Bei manchen Infektionen sitzen die Bakterien außen auf den Schleimhäuten (*es liegt also keine eigentliche Infektion vor*), und nur das Toxin diffundiert in den Körper.

☞ *Beispiel: Cholera..*

- Als **ENDOTOXIN** wirken bei **GRAMNEGATIVEN BAKTERIEN** Teile der äußeren Membran. Wenn gramnegative Bakterien durch Antibiotikagabe z. B. vermehrt zerfallen, erweitern sich viele periphere Arteriolen, so daß das Blut in der Peripherie versackt. Es kann zum **ENDOTOXINSCHOCK** kommen.

☞ *Die Reaktion der Arteriolen heißt* ***HERXHEIMER-REAKTION***.

63) Welche Aussage ist falsch?

- **A)** Chlorgas ist keimtötend.
- **B)** Chlorgas kann ein Lungenödem hervorrufen.
- **C)** Bei oraler Jodvergiftung kommt es zu Magen-Darm-Störungen.
- **D)** Chlor und Jod rufen nie Allergien hervor.
- **E)** Chlor kann zur Flächendesinfektion verwendet werden.

Antwort:

☒ Lösung D.

*Haben Sie das „**nie**" in der Frage registriert? „Nie", „immer", „ausschließlich" ist in der Medizin fast **nie** richtig.*

siehe Frage # 58

Ⓐ Halogene können zur **DESINFEKTION** verwendet werden.

☞ *Es war in der Frage nicht die Rede von Keim-**FREIHEIT**!!*

Ⓑ Chlor kann als **CHLORGAS** verwendet werden; Chlorgas verursacht bei Inhalationen ein **LUNGENÖDEM**.

Chlor im Wasser bildet Salzsäure und unterchlorige Säure; sie werden zur

- **TRINK-, BADE-** und **ABWASSERDESINFEKTION** verwendet.

Chlorkalk-Milch findet bei der Desinfektion von **FÄKALIEN** Verwendung.

Ⓔ **CHLORAMINE** verwendet man bei der

- **FLÄCHENDESINFEKTION,**
- Wäschedesinfektion und
- Wasserdesinfektion.

Ⓓ Jod kann ebenfalls desinfizierend wirken, allerdings führt Jod oft zu **ALLERGIEN**.

- Jodtinktur verwendet man zur Desinfektion kleinerer Wunden,
- Jodoform zur Schleimhautdesinfektion,
- PVP-Jod zur Haut- und Schleimhautdesinfektion und bei Spülungen (*Peritonealspülung, Darmspülung, etc.*).

Ⓒ Wenn man Jodlösung verschluckt hat, kommt es zu einer Elektrolytentgleisung mit metabolischer Acidose und zu Niereninsuffizienzzeichen.

64) Was sind opportunistische , was sind fakultativ pathogene Keime?

Antwort:

☒ Opportunistische oder fakultativ pathogene Keime sind Keime der Standortflora, die nur bei Abwehrschwächen Krankheiten hervorrufen.

Das ist eine gemeine Frage: **OPPORTUNISTISCHE KEIME** ist ein anderer Ausdruck für **FAKULTATIV PATHOGENE KEIME**, *beide bedeuten das Selbe*.

In der physiologischen **HAUT-** und **SCHLEIMHAUTFLORA** gibt es Keime, die völlig harmlos sind (*apathogen*), und solche, die **UNTER NORMALBEDINGUNGEN** nicht zu einer Infektion führen.

Wenn aber die natürliche Resistenz des Wirts geschwächt ist, können diese Keime die Gelegenheit nutzen und Krankheitssymptome hervorrufen (*AIDS, Diabetes*).

Solche Keime verhalten sich wie **OPPORTUNISTEN**, sie warten auf die günstige Gelegenheit.
„Fakultativ" bedeutet soviel wie „eventuell, unter bestimmten Umständen", also ist ein

- **FAKULTATIV** pathogener Keim ➠ **MANCHMAL** krankheitserzeugend.

☞ Fakultativ pathogene Keime sind z. B.

- Staphylokokkus aureus,
- Meningokokken,
- Haemophilus oder auch
- Clostridien (*Clostridium difficile*).

💡 Im Gegensatz zu den fakultativ pathogenen Keimen gehören pathogene Keime **NICHT** zur physiologischen Hautflora.

Pathogene Keime sind z. B.

- Clostridium tetani
- Salmonella typhi

65) Welche Aussage/n ist/sind richtig?

Sporen...

a) sind sog. vegetative Formen.
b) sind durch Wassereinlagerung kugelig aufgetriebene Bakterien.
c) können u. U. Bakterien lysieren.
d) sind z. T. jahrzehntelang überlebensfähig.
e) sind durch 30-minütige feuchte Wärme (80 °C) abzutöten.

A) Alle Aussagen sind richtig.
B) Nur Aussagen b und e sind richtig.
C) Nur Aussagen b, c und d sind richtig.
D) Nur Aussage d ist richtig.
E) Nur Aussagen a, c und e sind richtig.

Antwort:

☒ Lösung D.

SPOREN bilden sich bei manchen Bakterienarten, wenn sich die Lebensbedingungen für das Bakterium verschlechtern.

ⓑ Sporen sind lebendig, haben aber einen sehr **EINGESCHRÄNKTEN STOFFWECHSEL** und enthalten wenig Wasser.

ⓓ Sie sind deshalb oft jahrzehntelang überlebensfähig.

ⓔ Sporen sind ja auch der „Härtetest des Sterilisators": Sporen sind schwer abzutöten, die vegetativen Formen überleben in der Regel 5 Minuten bei 90 °C nicht.

siehe Sterilisationsmaßnahmen, Frage # 25.

ⓐ Wenn sich die Umweltbedingungen wieder bessern, keimt aus der Spore wieder das ursprüngliche Bakterium aus: die sogenannte

❍ **VEGETATIVE FORM.**

Sporen sehen unterm Mikroskop im Prinzip alle gleich aus:

- klein, rundlich, oft mit Schale,

während die vegetativen Bakterienformen

- länglich (*Stäbchen*),
- rund (*Kokken*) oder
- korkenzieherartig (*Spirillen, Spirochaeten*) sind.

ⓒ Sporen können nie Bakterien lysieren. Bakterien können durch andere, stoffwechselaktive Mikroorganismen lysiert (*zerstört*) werden.
Diese Mikroorganismen produzieren Stoffe (*Exotoxine*), die die Bakterienzelle schädigen.

☞ *Beispiel: Pilze produzieren **ANTIBIOTIKA**.*

66) Welche Aussagen sind richtig?

Bei der Hautdesinfektion vor einer Blutentnahme ist folgendes zu beachten:

a) Es dürfen nur sterilisierte Tupfer verwendet werden.
b) Die Spenderbehältnisse von Desinfektionsmitteln müssen so beschaffen sein, daß sie einen Rückfluß verhindern.
c) Spritzen müssen in jedem Fall gesondert entsorgt werden.
d) Es wird empfohlen, vor der Blutentnahme eine chirurgische Händedesinfektion vorzunehmen.
e) Da Stoffhandtücher besser desinfiziert werden können als Papierhandtücher, ist es besser in der Praxis auf Stoffhandtücher umzusteigen.

A) Alle Aussagen sind richtig.
B) Nur Aussagen a, b, und d sind richtig.
C) Nur Aussagen b, c und e sind richtig.
D) Nur Aussagen a und c sind richtig.
E) Nur Aussagen a und b sind richtig.

Antwort:

☒ Lösung E.

Die ordnungsgemäße hygienische **VENENPUNKTION** geht folgendermaßen vor sich:

ⓐ ❶ Man verwendet **STERILISIERTE PYROGENFREIE TUPFER** (*die allerdings unsteril aufbewahrt werden dürfen*).

ⓑ ❷ Das **DESINFEKTIONSMITTEL** ist in einem rückflußfreien Gefäß aufbewahrt, so daß keine Keime in das Gefäß gelangen können.

➠ *Hautdesinfektionsmittel töten Sporen in der Regel nicht ab!*

ⓓ ❸ **Vor** und **nach** jedem Patientenkontakt nehme man eine **HYGIENISCHE HÄNDEDESINFEKTION** vor

➠ *bei der Blutentnahme die Handschuhe trotzdem nicht vergessen!*

❹ **DURCHFÜHRUNG**:

☞ Möglichkeit 1:

- die **SPRÜHMETHODE**:
  man **SPRÜHT** viel Desinfektionsmittel auf die geplante Punktionsstelle und läßt es mindestens **2 MINUTEN** trocknen.

☞ Möglichkeit 2:

- die **WISCHMETHODE**:
  man feuchtet einen **TUPFER** an und wischt **IN KONZENTRISCHEN KREISEN** von der Punktionsstelle weg und wartet mindestens **30 SEKUNDEN**.

In beiden Fällen soll erst punktiert werden, wenn das Desinfektionsmittel verdunstet ist.
Erstens brennt Desinfektionsmittel in der Wunde, zweitens werden Labormeßergebnisse verfälscht.

❺ Nach der Punktion wird die **KANÜLE** (*nicht die Spritze*) auf keinen Fall wieder zurück in die Hülle geschoben, sondern direkt in einem **KANÜLENSAMMLER** entsorgt.

☞ *Wenn man die Nadel erst wieder in die Hülle stecken würde, käme man in Gefahr, sich selbst zu stechen.*

ⓒ Die **SPRITZE** kann, sofern der Patient nicht infektiös ist, in einem, zu verschließenden **PLASTIKSACK,** im Hausmüll entsorgt werden.

❻ Nach einer weiteren hygienischen Händedesinfektion kann man sich die Hände mit Seife waschen.

ⓔ **STOFFHANDTÜCHER** sind aufwendig zu desinfizieren.

☞ *Es ist viel wirtschaftlicher und hygienischer, auf Papierhandtücher umzusteigen.* Papierhandtücher werden nach jedem Gebrauch **WEGGEWORFEN**, feuchte Stoffhandtücher sind ein ideales Medium für eine **INDIREKTE KEIMÜBERTRAGUNG.**

🕮 **siehe Frage # 42**

67) Wie entsorgen Sie Schutzhandschuhe, die Sie beim Blutabnehmen getragen haben korrekt?

Antwort:

☒ In einem verschließbaren Plastiksack in den Hausmüll geben.

Vorausgesetzt sie haben keine infektiösen Patienten, dann können Sie alle Gegenstände, die nicht

- scharf,
- spitz oder
- zerbrechlich sind,

in einen festen **PLASTIKSACK** geben, diesen mit Clip **VERSCHLIESSEN** und mit dem **HAUSMÜLL** entsorgen. Hierunter fallen

- gebrauchte Tupfer,
- Mundspatel,
- Spritzen oder
- Pflaster,

auch wenn sie blutverunreinigt sind.

Beim infektiösen Patienten müssen alle Gegenstände desinfiziert (*einlegen in Desinfektionsmittel*) werden, oder Sie geben die Gegenstände als **INFEKTIÖSES MATERIAL** im nächsten Krankenhaus ab.

§§ Absolut keinen Spaß versteht das Gesundheitsamt verständlicherweise, wenn **BLUTVERUNREINIGTE NADELN** lose im Haumüll auftauchen.

- Zerbrechliche, scharfkantige Gegenstände müssen so verpackt werden, daß sich niemand verletzen kann,
- Nadeln müssen in speziellen, kindersicher verschließbaren **KANÜLENBOXEN** gesammelt werden.

Die **VERSCHLOSSENEN BOXEN** kann man im **HAUSMÜLL** entsorgen.

☞ *Die Kanülenboxen gibt's für ca. 5 DM im medizintechnischen Fachhandel.*

68) Wie entsorgen Sie korrekt Urin und Urinbecher beim nicht-infektiösen Patienten?

Antwort:

☒ Der Urin kann beim nichtinfektiösen Patienten in die Kanalisation abgegeben werden.
☒ Der Urinbecher wird im verschließbaren Plastiksack entsorgt.

- Der **URINBECHER** ist, wie Spatel, Tupfer, Spritzen, relativ einfach im verschließbaren, festen **MÜLLSACK** zu entsorgen.

§§ Beim infektiösen Patienten ist der Urinbecher vor dem wegwerfen zu desinfizieren.

- Der **URIN** kann nach abgeschlossener Analyse in den Schmutzausguß oder in die **TOILETTE** geschüttet werden. Man spült gründlich nach und reinigt mit üblichem Reinigungsmittel.

§§ Wenn Urin verschüttet worden ist, erfolgt eine **FLÄCHENDESINFEKTION**.

§§ Wenn der Urin infektiös ist, muß er ebenfalls vor dem Entsorgen desinfiziert werden,

- Abkochen oder
- Zugabe von Desinfektionsmittel.

☞ *Nicht vergessen: bei der Urinanalyse, wie immer beim Umgang mit Patientenmaterial* ***HANDSCHUHE*** *tragen*!

69) Wie und wie oft desinfizieren Sie Blutdruckmanschetten und Stauschläuche?

Antwort:

☒ Blutdruckmanschetten und Stauschläuche werden nach einer möglichen Kontamination desinfiziert.

BLUTDRUCKMANSCHETTEN und **STAUSCHLÄUCHE** brauchen im Normalfall **NICHT** desinfiziert zu werden, es sei denn,

„sie sind mit infektiösen Hauterscheinungen in Berührung gekommen, oder dessen verdächtig",

wie es im Amtsdeutsch heißt.

Vorgehen: man wischt sie mit einem alkoholischen Desinfektionsmittel und einem Einmalpapierhandtuch ab.

➡ **ABER IMMER SCHUTZHANDSCHUHE ANZIEHEN!**

70) Wie sterilisieren Sie Ihre Untersuchungsliege?

Antwort:

☒ Gar nicht.

☺ *Irgendwie ist die Untersuchungsliege ja auch etwas zu groß für den Sterilisator.*

§§ Die Hygienevorschrift lautet,

„daß UNTERSUCHUNGSLIEGEN so auszustatten sind, daß jeder Patient eine HYGIENISCH EINWANDFREIE EINMALAUFLAGE erhält."

Sinnvoll ist ein **PAPIERROLLENSPENDER**; nobler sind Liegenbezüge, die aber nach jedem Patienten gewechselt und mit 60 °C gewaschen werden müssen.
Das Papier der Untersuchungsliegen ist normaler **PAPIERABFALL**.

☞ Eventuell gilt er als gewerblicher Müll (*ist von Stadt zu Stadt unterschiedlich, im Einzelfall beim zuständigen Umweltreferat, Gemeinde- oder Stadtverwaltung erkundigen*!).

71) Wie oft und womit müssen Sie die Kundentoiletten desinfizieren?

Antwort:

☒ Gar nicht.

Kundentoiletten werden **TÄGLICH** mit einem handelsüblichen Reinigungsmittel **GEREINIGT**.

☞ Eine Desinfektion ist nicht nötig.

☞ Es ist empfehlenswert,

- **PAPIERHANDTÜCHER** zur Verfügung zu stellen und
- einen Abfalleimer, sowie in der Damentoilette einen
- **HYGIENEEIMER** mit Plastiktüteneinsatz.

☞ *Vergessen Sie nicht, daß Sie, bzw. Sie und Ihre Angestellten eine andere Toilette als Ihre Patienten benötigen! (Bereits bei der Praxis**planung** dran denken.)*

72) Welche Aussage ist falsch?

A) Formalin kann zur Sterilisation herangezogen werden.
B) Alkohole können der Sterilisation der Haut dienen.
C) Chlor kann Trinkwasser desinfizieren.
D) Zur Flächendesinfektion kann man Tenside und Phenole verwenden.
E) Alle Desinfektionsverfahren sind behördlich festgelegt.

Antwort:

☒ Lösung B.

Wissen Sie noch die ***STERILISATIONSVERFAHREN?***
📖 ***In Frage # 25 sind sie genauer beschrieben.***

Man kann ...

Ⓐ
- thermisch,
- physikalisch,
- chemisch (*Äthylenoxid, Formalin*) oder mittels
- Sterilfiltration keimfrei machen.

Alles andere sind **DESINFEKTIONS**-verfahren.

Ⓑ Die Haut am **lebenden** Menschen kann nie keim-**FREI** gemacht werden (180 °C, 60 Minuten ?!), sie kann nur desinfiziert werden.

Das gebräuchlichste Mittel ist Alkohol (*äußerlich!!*).

- Äthanol 80 %,
- Isopropanol 70 %,
- Propanol 60 %.

Ⓒ **CHLOR** ist als Desinfektionsmittel für Trink- und Badewasser gebräuchlich.

Ⓓ Zur Flächendesinfektion kann man Phenole verwenden (*Handschuhe anziehen*!).

Ⓔ Es ist auch richtig, daß sämtliche Desinfektionsverfahren und Desinfektionsmittel behördlich, vom Bundesgesundheitsamt **FESTGELEGT** sind.

73) Beschreiben Sie eine korrekte Flächendesinfektion!

Antwort:

☒ Die Flächendesinfektion erfolgt gemäß der 2-Eimer-Methode. In einem Eimer ist die Desinfektionslösung, im anderen Eimer das Schmutzwasser.

Im Patientenbereich sollte zusammen mit der Fußbodenreinigung auch eine **DESINFEKTION** vorgenommen werden. Sonst besteht die Gefahr, daß sich vornehmlich gramnegative Keime im Putzwasser halten und durchs Putzen noch über die ganze Praxis verteilt werden.

Eine **FLÄCHENDESINFEKTION** sollte auch vorgenommen werden, wenn **VERUNREINIGUNGEN** mit

- Stuhl,
- Sputum,
- Eiter oder
- Urin vorliegen.

Gängige Desinfektionsmittel sind

- **ALDEHYDE** oder
- **PHENOLE,**

eventuell kombiniert bereits mit Tensiden (*alles vorgeschrieben*!).

☞ *Beachten Sie beim Ansetzen der Desinfektions-/Putzlösung die genaue Dosierungsanleitung, sonst sind die Mittel wirkungslos.*
Ziehen Sie beim Umgang mit Desinfektionslösungen immer Handschuhe an; Phenole sind nicht grade hautfreundlich.

- **DIE 2-EIMER-METHODE.**

In einem Eimer befindet sich die ● **DESINFEKTIONSLÖSUNG,**
im anderen Eimer (*im Anfang*) ● **KLARES WASSER.**

Man verwendet am besten einen selbstaufnehmenden Mop.

Der Mop wird mit Desinfektionslösung benetzt, man wischt und drückt den Mop **ÜBER DEM EIMER** mit dem klaren, später Schmutzwasser aus.

☞ *Wenn man den schmutzigen Mop wieder in den Eimer mit Desinfektionslösung taucht, würde das Desinfektionsmittel zu schnell inaktiviert werden.*
☞ *Wenn man es ganz genau nimmt, verwendet man alle 20 qm einen frisch gereinigten Mop.*

74) Welche Aussage ist richtig?

Die Einwirkzeit von Desinfektionsmitteln bei Venenpunktionen beträgt mindestens:

A) 3 Sekunden
B) 10 Sekunden
C) 30 Sekunden
D) 60 Sekunden
E) 3 Minuten

Antwort:

☒ Lösung C.

Na, über's Ziel hinausgeschossen?

Die **MINDESTEINWIRKZEIT** des Desinfektionsmittels ist bei der Desinfektion mit dem Tupferverfahren **30 SEKUNDEN**, nicht mehr.

Erinnern Sie sich: man hat prinzipiell 2 Möglichkeiten zur **HAUTDESINFEKTION**.

① Die **TUPFER- ODER WISCHMETHODE**.

Man verwendet

- einen sterilisierten **TUPFER** (*der unsteril aufbewahrt werden darf*),
- feuchtet ihn mit Desinfektionsmittel aus einem rückflußfreien Gefäß an und
- wischt **IN KONZENTRISCHEN KREISEN** von der Punktionsstelle nach außen.
- Man wartet hierbei noch mindestens **30 SEKUNDEN**.

② Die **SPRÜHMETHODE**.

- Man sprüht das Desinfektionsmittel **GROSSZÜGIG** auf die Punktionsstelle und
- wartet mindestens **2 MINUTEN**.

☞ *Bei beiden Methoden wird aber nicht eher punktiert, bis das Desinfektionsmittel abgetrocknet ist.*

75) Welche Aussage/n ist/sind richtig?

Sterilisieren bedeutet ...

a) kurzes Erhitzen von Flüssigkeiten auf 85 °C.
b) Entseuchen.
c) Entwesen.
d) Entkeimen.
e) Reinigen mit der 2-Eimer-Methode.

A) Keine Aussage ist richtig.
B) Nur Aussagen a und d sind richtig.
C) Nur Aussagen b, c und d sind richtig.
D) Nur Aussage d ist richtig.
E) Nur Aussagen b und e sind richtig.

Antwort:

☒ Lösung D.

STERILISIEREN bedeutet **KEIMFREI** machen.

Originaltext:

„Abtöten sämtlicher Mikroorganismen einschließlich Inaktivierung von Viren oder die vollständige Entfernung der Keime".

Bei dieser Gelegenheit: wissen Sie noch die Sterilisationsmethoden?

siehe Frage # 25

ⓐ **KURZZEITIGES ERHITZEN** auf 50 °C bis 85 °C, beispielsweise von Milch, nennt man **PASTEURISIEREN**.
Vegetative Keime werden damit abgetötet, aber Sporen, die in der Milch sind, erfreuen sich natürlich immer noch bester Gesundheit.
*Pasteurisierte Milch (H-Milch) ist **länger** haltbar als Frischmilch, sie ist aber nicht keimfrei. Das bedeutet, irgendwann wird auch pasteurisierte Milch schlecht.*

ⓑ Unter **ENTSEUCHEN** versteht man in der Mikrobiologie eine **BESEITIGUNG DER KÖRPEREIGENEN FLORA**, z. B. bei stark infektgefährdeten Patienten, bei Patienten mit Leberinsuffizienz, oder vor Darmoperationen.
*Da man den Patienten nicht auf 180 °C erhitzen kann, handelt es sich immer nur um eine Verminderung der Keimdichte, also um eine **DESINFEKTION**.*

ⓒ **ENTWESEN** betrifft die kleinen Krabbeltiere am Menschen und in Wohnräumen. Entwesen ist eine Beseitigung von **INSEKTEN** mit Giften oder mit physikalischen Methoden (*Kammerjäger*).

ⓔ Das Reinigen mit der **2-EIMER-METHODE** fällt auch unter die Rubrik desinfizieren.
Die 2-Eimer-Methode findet Anwendung bei der **FLÄCHENDESINFEKTION**.

ⓓ Zu guter Letzt: das **ENTKEIMEN**.
Entkeimen bedeutet eigentlich das Entfernen sämtlicher Keime, egal ob lebend oder tot aus Gasen und Flüssigkeiten. Man wendet das Verfahren der Sterilfiltration an.

➡ **STERILISIEREN**

76) Welche der folgenden Erkrankungen hinterlassen eine lebenslange Immunität?

- **a)** Masern
- **b)** Röteln
- **c)** Diphtherie
- **d)** Lues
- **e)** Tetanus

- **A)** Alle Aussagen sind richtig.
- **B)** Nur Aussagen a und b sind richtig.
- **C)** Nur Aussagen a, b, c und e sind richtig.
- **D)** Nur Aussagen a, d und e sind richtig.
- **E)** Nur Aussagen b und c sind richtig.

Antwort:

☒ Lösung B.

Es gibt einige (*wenige*) Erkrankungen,

❶ die **KEINE IMMUNITÄT** hinterlassen,
❷ andere hinterlassen **IMMUNITÄT** für einen **BEGRENZTEN ZEITRAUM** und
❸ wieder andere für **JAHRZEHNTE** (*lebenslang*).

❶ Zu den Krankheiten, die **KEINE IMMUNITÄT** hinterlassen gehören

- Lues und
- Gonorrhoe, sowie
- Tetanus (*die manifeste Erkrankung*).

❷ Zu den Krankheiten/Impfungen, die eine **BEGRENZTE IMMUNITÄT** hinterlassen gehören

- Polio (*Auffrischimpfung nach 10 Jahren*),
- Tetanustoxoidimpfung (*Auffrischimpfung nach 10 Jahren*),
- Hepatitis B,
- Diphtherie,
- Gelbfieberimpfung und
- Tbc.

❸ Zu den Krankheiten/Impfungen, die eine **LANGE IMMUNITÄT** hinterlassen gehören

- Masern,
- Mumps, und
- Röteln.

📖 **siehe Amtsarztfragen INFEKTIONSKRANKHEITEN**

Die Dauer der hinterlassenen Immunität ist von so vielen Faktoren abhängig, daß es kein vernünftiges Schema gibt.
Also einfach akzeptieren und auswendig lernen!

77) Welche Aussage/n ist/sind richtig?

Sie behandeln einen Patienten mit Akupunkturnadeln.

Wie muß man mit den Nadeln anschließend verfahren?

a) Abwischen mit einem Tuch, das mit Desinfektionsmittel benetzt ist.
b) 30 Minuten einlegen in Formalinlösung.
c) Erst desinfizieren, dann sterilisieren.
d) Nur sterilisieren.
e) Bei fachgerechter Akupunktur ist ein Infektionsrisiko ausgeschlossen.

A) Nur Aussagen a und b sind richtig.
B) Nur Aussage e ist richtig.
C) Nur Aussage d ist richtig.
D) Nur Aussage c ist richtig.
E) Nur Aussage a ist richtig.

Antwort:

☒ Lösung D.

Ich hoffe, niemand von Ihnen hat Lösung Ⓑ angekreuzt. Falls doch, überdenken Sie Ihren Entschluß nochmal, dem Amtsarzt unter die Augen zu treten!

ⓔ Bei keiner invasiven Technik ist ein **INFEKTIONSRISIKO** ausgeschlossen.
Im Gegenteil: da lebendes Gewebe immer nur desinfiziert, nie sterilisiert werden kann, ist bei jeder Venenpunktion oder Injektion die Gefahr einer Abszessbildung gegeben.

☞ *Der Patient muß darüber auch aufgeklärt werden.*

📖 **siehe Amtsarztfragen GESETZESKUNDE Frage # 66**

ⓒ **AKUPUNKTURNADELN** werden wie „Instrumente" behandelt: man legt sie in **DESINFEKTIONSMITTEL** ein (*ruhig etwas länger - einige Stunden*), spült dann gründlich mit **WASSER** nach und zieht die Nadeln durch eine **BÜRSTE** und **STERILISIERT** zum Schluß.
Wenn Sie, ohne vorher zu desinfizieren mit den Nadeln hantieren, laufen Sie oder Ihr Personal Gefahr, sich zu infizieren (denken Sie an AIDS!).

ⓓ Wenn Sie die Nadeln nicht mechanisch reinigen, verhindern eventuelle **BLUTKRUSTEN** eine ordentliche Sterilisation.

ⓐ Abwischen mit Desinfektionsmittel reicht natürlich überhaupt nicht aus.

ⓑ **FORMALIN** könnte man zur Sterilisation verwenden, man benötigt dazu aber spezielle Apparaturen. Einfaches Einlegen in eine Formalinlösung reicht nicht aus.

Zwei Tips für die Praxis:

❶ *Überlegen Sie, ob Einmalnadeln nicht sicherer, hygienischer und billiger sind (die Nadeln werden beim Reinigen auch nicht besser).*

❷ *Wenn schon, dann schaffen Sie sich gleich ein **ULTRASCHALLREINIGUNGSGERÄT** für die mechanische Reinigung an. Die Geräte werden auch immer preiswerter und Ihre Goldnadeln sollten Ihnen das Wert sein.*

78) Welche Aussage ist falsch?

Die Färbemethode nach Gram umfaßt folgende Schritte:

A) Färbung des Präparats mit Kristallviolett
B) Fixierung der Färbung durch Säure
C) Spülen mit Lugol'scher Lösung
D) Spülen mit Alkohol
E) Gegenfärben mit Fuchsin

Antwort:

☒ Lösung B.

Die Färbung nach Gram (**siehe auch Frage # 2**) geht folgendermaßen vor sich:

❶ Bakterien werden auf den Objektträger gegeben und kurz durch die Bunsenflamme gezogen (*Hitzefixation*).

❷ Als nächstes wird **KRISTALLVIOLETT** appliziert und mit **LUGOL'SCHER LÖSUNG** gebeizt.

❸ Dann spült man mit **ÄTHYLALKOHOL** bis keine Farbwolken mehr sichtbar sind und wäscht mit Leitungswasser kurz nach.

❹ Anschließend wird das Präparat eine halbe Minute in **FUCHSINLÖSUNG** getaucht als Gegenfärbung.

❺ Nochmals mit **WASSER** spülen.

Bei der Gramfärbung bleiben

➠ die **GRAMPOSITIVEN BAKTERIEN VIOLETT**
(*sie werden nicht mit Alkohol entfärbt*),
➠ die **GRAMNEGATIVEN** Keime sind durch die Gegenfärbung mit Fuchsin **ROSA**.

*Die unterschiedlichen Eigenschaften der Bakterien bezüglich der Gramfärbung sind in dem Aufbau der **ZELLWAND** begründet.*

🕮 **siehe Frage # 4**

79) Wie desinfizieren Sie sich die Hände nach der Untersuchung eines Patienten mit ...

- Salmonellenverdacht?
- metastasierendem Melanom?
- Hepatitis B?
- einer Geschlechtskrankheit?

Antwort:

☒ Nach jeder Untersuchung nimmt man eine hygienische Händedesinfektion vor.

☒ **BEI VERDACHT AUF EINE GESCHLECHTSKRANKHEIT UNTERSUCHT DER HEILPRAKTIKER NICHT!**

☞ *Gewöhnen Sie es sich an, bei Fragen geradlinig zu denken. Wenn es heißt,*

- VOR und
- NACH JEDER UNTERSUCHUNG von Patienten

ist eine HYGIENISCHE HÄNDEDESINFEKTION vorzunehmen, *dann ist das auch so gemeint.*

Es ist egal, welche Erkrankung der Patient hat. Wenn die Krankheitszeichen sehr ausgeprägt sind (*tiefe Ulcera o. ä.*), ziehen Sie **HANDSCHUHE** an.

Trotzdem wird vor und nach der Untersuchung 5 ml eines **zugelassenen** Händedesinfektionsmittels mindestens 30 Sekunden auf beiden Händen verrieben. Wenn Sie möchten, können Sie sich anschließend die Hände mit Wasser und Seife waschen, zwingend nötig ist es nicht.

Denken Sie nur ab und zu an Ihre eigene Hautflora und spendieren Sie Ihren eigenen Keimen etwas Handcreme.

§§ Wenn Sie Ihre Gesetzeskunde schon gelernt haben, dann wissen Sie sicherlich, daß der HP gemäß dem **GESETZ ZUR BEKÄMPFUNG VON GESCHLECHTSKRANKHEITEN** bei fraglichen Geschlechtskrankheiten gar nicht erst untersucht, sondern gleich zum Arzt schickt.
Wenn sich erst im Verlaufe der Untersuchung herausstellt daß es sich um eine Geschlechtskrankheit handelt, untersuchen Sie fertig und schicken den Patienten anschließend zum Arzt.

80) Nennen Sie 5 Gruppen von bakterienwirksamen Desinfektionsmittel!

Antwort:

- [x] Lösung feuchte Hitze,
- [x] UV-Strahlen,
- [x] Alkohole,
- [x] Phenole,
- [x] Oxidantien

DESINFEKTIONSMITTEL sind im Prinzip abgeschwächte Sterilisationsmittel.

❶ **THERMISCHE VERFAHREN**.
Erhitzen des Desinfektionsguts auf 80 °C bis 100 °C einige Minuten lang.

❷ **PHYSIKALISCHE VERFAHREN**.
Bestrahlung der Luft mit UV-Strahlen.

❸ **CHEMISCHE VERFAHREN**.

- **ALKOHOLE** zur Hautdesinfektion
  - *Äthanol 80 %,*
  - *Isopropanol 70 %,*
  - *Propanol 60 %,*
- **ALDEHYDE** (*Formalin*) und **PHENOLE** zur **FLÄCHENDESINFEKTION**,
- **HALOGENE** wie
  - Chlor zur **WASSERDESINFEKTION** und
  - Jod zur Hautdesinfektion oder
- **OXIDANTIEN** wie
  - H_2O_2,
  - Kaliumpermanganat,
  - Peressigsäure oder
  - Ozon zur **OBERFLÄCHENDESINFEKTION**.

81) Welche Aussage/n ist/sind richtig?

Sporen von Clostridium botulinum kann man durch folgende Verfahren vernichten ...

a) 12 minütiges Abkochen.
b) UV-Bestrahlung.
c) 180 °C, 60 Minuten.
d) 80 %igen Äthanol.
e) β-Strahlen.

A) Alle Aussagen sind richtig.
B) Nur Aussagen a und d sind richtig.
C) Nur Aussagen b, c, d und e sind richtig.
D) Nur Aussagen c und d sind richtig.
E) Nur Aussagen c und e sind richtig.

Antwort:

☒ Lösung E.

Manchmal möchte der Amtsarzt wissen, ob Sie den Unterschied zwischen

- **STERILISATION** (*Keim-**FREIHEIT***) und
- **DESINFEKTION** (*Keim-**REDUKTION***) *auch wirklich intus haben.*

*Wissen Sie noch die **STERILISATIONS**-verfahren?*

ⓒ ❶ **THERMISCH.**

- 180 °C, 30 Minuten mit Luftumwälzung ,
- 180 °C, 60 Minuten ohne Luftumwälzung
  oder
- ○ 120 °C, 30 Minuten, 2 bar Dampfdruck, oder
- ○ 134 °C, 5 Minuten 3 bar Dampfdruck.

ⓔ ❷ **PHYSIKALISCH.**

- α - oder
- β - Strahlung

❸ **CHEMISCH.**

- Äthylenoxid,
- Formalin

❹ **STERILFILTRATION.**

ⓐ ☞Kochen,
ⓑ ☞UV-Bestrahlung und
ⓓ ☞Äthanol dienen der **DESINFEKTION.**

82) Welche 3 grundsätzlichen vorbeugenden Maßnahmen zum Schutz vor Ausbreitung von Infektionskrankheiten kennen Sie?

Antwort:

☒ ❶ Absonderung;
☒ ❷ Sterilisation, Desinfektion;
☒ ❸ Impfungen.

Voraussetzung für das **AUSBREITEN VON INFEKTIONEN** ist eine komplette sogenannte **INFEKTIONSKETTE.**

Sie besteht aus 3 Teilen:

❶ Die **INFEKTIONSQUELLE.**

Es kann sich hierbei um Menschen, Tiere oder auch um unbelebte Gegenstände handeln. Der Mensch oder das Tier müssen nicht selbst klinisch erkrankt sein, es kann sich beispielsweise um Ausscheider handeln. Es gibt

- **DAUERAUSSCHEIDER**
  - *Salmonellen,*
  - *Shigellen,*
  - *Vibrionen,*
- **INKUBATIONSAUSSCHEIDER**
  - *Hepatitis* und
- **REKONVALESZENZAUSSCHEIDER**
  - *Salmonellen,*
  - *Diphtherie.*

Ferner gibt es Menschen, die nie an einer bestimmten Infektionserkrankung manifest erkrankt sind, aber trotzdem die Keime verbreiten. Man nennt sie **KEIMTRÄGER.**

Behördliche Maßnahmen zur Erkennung und Elimination der Infektionsquelle ist z. B.

§§ die **MELDEPFLICHT** gemäß des Bundesseuchengesetzes und Gesetzes zur Bekämpfung von Geschlechtskrankheiten,
§§ die **ABSONDERUNG** der Erkrankten (*Quarantäne*), beziehungsweise
§§ die **SANIERUNG** des Seuchenherdes.

❷ Der 2. Teil der Infektionskette ist der **ÜBERTRAGUNGSWEG** oder der **INFEKTIONSMODUS**.

Keime können

- **DIREKT**
  - anhusten,
  - anniesen oder
- **INDIREKT** über
  - Lebensmittel,
  - feuchte Gemeinschaftshandtücher oder auch
  - über ärztliches (*heilpraktisches*) Instrumentarium etc.

übertragen werden.

Hier greifen die behördlich vorgeschriebenen **MASSNAHMEN ZUR STERILISATION UND DESINFEKTION** ein.

📖 *Können Sie noch Ihre Sterilisationsverfahren?*

❸ Der 3. und letzte Teil der Infektionskette ist das **INDIVIDUUM** selbst.

Es gibt Menschen, die anfälliger sind gegen Infektionen als andere. Hier kann man mit der **IMMUNPROPHYLLAXE**, der **SCHUTZIMPFUNG** eingreifen.

☞ *Dank der, früher gesetzmäßig angeordneten, Schutzimpfung gegen* ***POCKEN****, gelten die Pocken seit 1976 ausgerottet!*

83) Was bedeutet Immunisierung?

Antwort:

☒ Immunisierung bedeutet, daß ein erneuter Kontakt mit dem gleichen Erreger nicht zu klinischen Symptomen führt.

IMMUNITÄT ist die sog. **ERWORBENE RESISTENZ**. Wenn ein Organismus mit einem Erreger infiziert worden ist, werden im Normalfall **ANTIKÖRPER** von den Plasmazellen synthetisiert.

➠ Es gibt einige Ausnahmen:

Gegen Treponema pallidum z. B. gibt es keinen Antikörperschutz.

Die Bildung von Antikörper geht immer mit der Bildung von **GEDÄCHTNISZELLEN** einher. Die Gedächtniszellen sorgen dafür, daß, wenn es zu einer erneuten Infektion kommen sollte, die Erreger sofort abgetötet werden können, bevor sie sich großartig im Körper vermehren und klinische Krankheitserscheinungen hervorrufen.

Diese Gedächtniszellen leben unterschiedlich lang, z. T. lebenslang.

☞ *Bedenken Sie bei der Diskussion um die Immunität Folgendes: die Antikörperbildung erfolgt nur dann, wenn der Erreger* ***UNTER*** *die Haut-/Schleimhautgrenze ins Körperinnere gelangt ist. Bei Erregern, die brav im Darmlumen beispielsweise sitzen und nur ihr Toxin (Enterotoxin) abgeben, erfolgt* ***KEINE*** *Antikörperbildung gegen die Erreger.*

➠ *Beispiel: Cholera, Enteritis infektiosa.*

84) Nennen Sie 5 Arten von Krankheitserregern!

Antwort:

☒ Viren,
☒ Bakterien,
☒ Pilze,
☒ Einzeller,
☒ Würmer.

Klinische Erscheinungen können von einer Vielzahl von Lebewesen hervorgerufen werden:

❶ **VIREN**.

Da Viren keinen eigenen Stoffwechsel besitzen, gehören sie der unbelebten Natur an. Sie vermehren sich **INTRAZELLULÄR** und schädigen dadurch die betroffene Wirtszelle.

➡ Viren können auch **KREBS** hervorrufen.

❷ **BAKTERIEN**.

Bakterien schädigen den Wirtsorganismus hauptsächlich durch die Produktion von **TOXINEN**.

Man unterscheidet

- **EXOTOXINE** - Stoffwechselprodukte lebender Bakterien,
  - **ENTEROTOXINE** - Sie sind eine Untergruppe der Exotoxine und wirken auf das Darmepithel.
- ○ **ENDOTOXINE** - Zerfallsprodukte gramnegativer Bakterien.
  Wenn der Körper mit Endotoxinen überflutet wird, kann ein **ENDOTOXINSCHOCK** auftreten; man nennt das
  ➡ die **HERXHEIMER-REAKTION**.

siehe auch Frage # 4

❸ **PILZE.**

Pilze gehören u. a. auch zur **STANDORTFLORA** von Haut und Schleimhäuten und führen nur unter ungünstigen Umständen (*AIDS*) zu einer Infektion.

☞ *Eine klinische Pilzerkrankung sollte immer Anlaß sein, die lokale und allgemeine Abwehrlage zu untersuchen.*

❹ **EINZELLER - PROTOZOEN.**

Klinisch inapparente (*unbemerkte*) Infektionen mit Einzellern sind häufiger als man meint (*Toxoplasmose z. B.*). Normalerweise kapselt das Abwehrsystem die Einzeller ab und macht sie damit unschädlich. Es kann natürlich bei AIDS z. B. dann zu einer Reaktivierung kommen.

☞ *Prüfungsrelevante Beispiele für Protozoen-Infektionen sind **MALARIA** oder die Schlafkrankheit.*

❺ **WÜRMER.**

Würmer, die sich **IM DARMLUMEN** aufhalten (*also quasi echte „Mitesser“*), machen seltener dramatische Krankheitserscheinungen, es sei denn, es sind extrem viele Individuen.

☠ Würmer, die **IN DEN VENEN** leben,

- Schistosomen (*die Krankheit heißt Bilharziose*), oder der
- Fuchsbandwurm (*Echinokokkus*) können schon eher zu Komplikationen führen.

Wurminfektionen sind in der Regel chemotherapeutisch beherrschbar.

Sie sind im Blut erkenntlich an einer Erhöhung der **EOSINOPHILEN GRANULOZYTEN**.

❻ **INSEKTEN.**

Hier steht vor allem die Krätze im Vordergrund. Die Krätze wird hervorgerufen durch kleinste Spinnchen, die in der Haut leben.

§§ Es besteht nach § 30 und 45 BSeuG ein Behandlungsverbot für den HP.

85) Wann und wie entsteht Schüttelfrost?

Antwort:

☒ Bei schnellem Fieberanstieg entsteht durch die hypothalamische Sollwertverstellung Schüttelfrost.
☒ Die Erhöhung der Körpertemperatur wird durch Muskelzittern erzeugt.

Die **TEMPERATUR DES KÖRPERKERNS** (*des Körperinneren*) ist durch eine Struktur des Zwischenhirns, den **HYPOTHALAMUS** geregelt.

An allen strategisch wichtigen Orten im Körper existieren **TEMPERATURFÜHLER**, sie melden an den Hypothalamus und der wiederum regelt durch die Weitstellung beispielsweise der **HAUTGEFÄSSE** die Wärmeabgabe.

Die Wärme selbst wird hauptsächlich in der **LEBER** "produziert", die Leber ist sehr stoffwechselaktiv und gibt damit viel Wärme ab.

Eine andere Möglichkeit ist die Wärmeerzeugung durch **MUSKULÄRE** Tätigkeit.

- Wenn im Körper zuviel Wärme anfällt, macht der Hypothalamus die Hautgefäße auf
➡ Wärmeabgabe,
- wenn weniger Wärme produziert wird, sind die Hautarteriolen kontrahiert.

Da in der Haut selbst auch wieder Temperaturrezeptoren sind, empfindet man eine Minderdurchblutung der Haut als **KÄLTE**.

Im Fall einer protrahierten Infektionskrankheit möchte der Hypothalamus in erster Linie die Funktion der **ABWEHRZELLEN** unterstützen. Abwehrzellen funktionieren bei höherer Temperatur besser. Deshalb verstellt der Hypothalamus die Solltemperatur des Körperkerns nach oben
➡ **MAN FRIERT**.

Falls die Verstellung der Solltemperatur sehr schnell erfolgt, helfen die Muskeln bei der Wärmeproduktion mit.

☞ **MUSKELZITTERN + FRIEREN** nennt man **SCHÜTTELFROST**.

86) Was machen Sie bei einem Zeckenbiß?

Antwort:

☒ Die Zecke sofort entfernen.

Infektionskrankheiten, die durch **ZECKEN** übertragen werden, setzen in den allermeisten Fällen voraus, daß sich die Zecke in Ruhe vollsaugen kann.

PROPHYLLAKTISCHE MÖGLICHKEITEN, dem Zeckenbiß zu entgegen wären:

- abschließende **KLEIDUNG**,
- **INSEKTENVERTREIBENDE MITTEL** zum Einreiben oder
- sofort nach dem Waldspaziergang **DUSCHEN**.

Zecken sind wählerisch in der Wahl ihres Freßplatzes, sie laufen erst eine Zeitlang am Körper umher und suchen sich die beste Stelle aus.

Wenn Sie den Zeckenbiß bemerken, muß die Zecke **SOFORT** entfernt werden.

JE FRÜHER DIE ZECKE ENTFERNT WIRD, UMSO GERINGER IST DAS INFEKTIONSRISIKO z. B. an FSME (*Frühsommermeningoencephalitis*) oder Borelliose zu erkranken.

Man bedeckt die Zecke mit **ÖL, CREME** oder Ähnlichem, um die Luftzufuhr zu unterbinden und dreht dann das Tier aus der Haut heraus.

Eine Infektion wird dann wahrscheinlich, wenn sich um den Ort des Zeckenbisses eine **HAUTRÖTUNG (ERYTHEMA MIGRANS)** entwickelt, die über handtellergroß ist.

Erreger werden dann **SEROLOGISCH** nachgewiesen.

Für Risikogruppen (*Waldarbeiter*) gibt es gegen FSME eine **IMPFUNG**.

87) Sie untersuchen einen Patienten mit floridem Hautausschlag. Danach waschen Sie sich 5 Minuten lang die Hände mit Seife.

Welche Aussage/n ist/sind richtig?

a) Ihre Hände sind jetzt steril.
b) Ihre Hände sind jetzt keimärmer als vorher.
c) Ihre Hände sind jetzt desinfiziert.
d) Bei Hauterkrankungen braucht man sich nach der Untersuchung nicht die Hände waschen.
e) Wenn Sie bei der Untersuchung Handschuhe getragen haben, ist Händewaschen ausreichend.

A) Nur Aussagen b, c und e sind richtig.
B) Nur Aussagen a und c sind richtig.
C) Nur Aussage d ist richtig.
D) Nur Aussagen d und e sind richtig.
E) Keine Aussage ist richtig.

Antwort:

☒ Lösung E.

ⓓ Prinzipiell: **VOR UND NACH** jeder Untersuchung wird eine **HYGIENISCHE HÄNDEDESINFEKTION** vorgenommen!

ⓔ Es ist nebensächlich, ob man Handschuhe getragen hat oder nicht. Durch die Desinfektion vermindert man das Risiko, Keime von einem Patienten auf den anderen zu übertragen.

Man verteilt dazu 5 ml eines zugelassenen Desinfektionsmittels auf beide Hände und läßt es **30 SEKUNDEN** mindestens einwirken. Danach kann man sich die Hände waschen.

☞ **WASCHEN** der Hände **ALLEIN** bewirkt im Hinblick auf Mikroorganismen so gut wie nichts. Nach dem Waschen sind Schmutzpartikel entfernt, Ihre Hände sind aber weder

ⓐ ● steril (*das ist unmöglich*),
ⓒ ● noch desinfiziert,
ⓑ ● noch keimarm (oder keimärmer).

88) Welche Aussage/n ist/sind richtig?

a) Alle Viren und Bakterien sind Feinde des Menschen.
b) Bei der Desinfektion werden alle Viren und Bakterien abgetötet.
c) Manche Viren und Bakterien sind für Menschen harmlos.
d) Ohne Bakterien können wir nicht leben.
e) Die Sterilisation tötet selektiv Bakterien.

A) Alle Aussagen sind richtig.
B) Nur Aussagen c und d sind richtig.
C) Nur Aussagen a, b und e sind richtig.
D) Nur Aussagen b und c sind richtig.
E) Nur Aussagen b und e sind richtig.

Antwort:

☒ Lösung B.

ⓐ Selbstverständlich sind nicht alle Mikroorganismen Feinde des Menschen.

ⓒ Von der Vielzahl der Keime, die es gibt, ist nur ein **GANZ GERINGER BRUCHTEIL** pathogen für den Menschen.

ⓓ Abgesehen von der Tatsache, daß das Leben aus bakterienähnlichen Vorstufen entstanden ist, sind die Bakterien ein wesentlicher Faktor im ökologischen System. Die meisten machen sich nämlich nützlich, indem sie organisches Material aufschließen, d. h. chemisch zersetzen (***FÄULNIS***) und die enthaltenen Grundstoffe anderen Lebewesen damit wieder zur Verfügung stellen.
Der Kreislauf der Stoffe funktioniert ohne Bakterien überhaupt nicht.

Nun, die anderen Aussagen über die Sterilisation und die Desinfektion haben Sie hoffentlich beantworten können:

ⓑ ● **DESINFEKTION** ist eine Verminderung der Keimdichte, vorwiegend pathogener Keime,

ⓔ ○ **STERILISATION** ist die Abtötung von Keimen, sowohl Bakterien, als auch Viren, Pilzen, Einzellern, etc.

89) Welche Aussage ist falsch?

A) Infektionserkrankungen können durch Viren oder durch Bakterien verursacht werden.
B) Bakterien und Viren unterscheiden sich durch ihre Fortpflanzungsart.
C) Viren werden mit Antibiotika behandelt.
D) Viren haben keine Zellwand.
E) Bakterien sind größer als Viren.

Antwort:

☒ Lösung C.

Ⓒ **ANTIBIOTIKA** sind Chemotherapeutika, die **GEGEN BAKTERIEN** wirken.

Man unterscheidet bezüglich des Wirkungsmechanismus

- ● **BAKTERIZIDE** Antibiotika und
- ❍ **BAKTERIOSTATISCHE** Antibiotika.

- ● **BAKTERIZIDE ANTIBIOTIKA** töten die Bakterien (***absoluter*** *Verlust der Vermehrungsfähigkeit*),
- ❍ **BAKTERIOSTATISCHE ANTIBIOTIKA** hemmen die Vermehrung (***relativer*** *Verlust der Vermehrungsfähigkeit*).

Ⓐ Bakterien und Viren können Erkrankungen hervorrufen.

Ⓑ Unterschiede zwischen Bakterien und Viren sind:

- ● **VIREN** haben **KEINEN EIGENEN STOFFWECHSEL,**
- ● **VIREN** werden aus **EINZELBESTANDTEILEN** zusammengebaut und vermehren sich nicht, wie Bakterien durch Zellteilung.

Ⓔ Da Viren keine Zellorganellen besitzen, sind sie **KLEINER** als Bakterien. Viren hat man deshalb auch relativ spät erst entdeckt.
Viren rutschen z. B. durch ein Bakterienfilter hindurch; die so filtrierten Flüssigkeiten sind immer noch infektiös. Man war früher der Meinung, es handele sich um ein „Gift".

➡ *„Virus" heißt eigentlich „Gift".*

Ⓓ Viren bestehen aus Nukleinsäure (*DNA oder RNA*), darum herum eine Hülle aus Protein, und eventuell außen drauf noch eine Doppellipidschicht.
Eine Zellwand (*aus Murein*) haben nur Bakterien.

90) Welche Aussage/n ist/sind richtig?

Eine Übertragung von Krankheitserregern ist möglich ...

a) in der Inkubationszeit.
b) nur während des Auftretens von klinischen Symptomen.
c) einige Wochen nach der Erkrankung.
d) Jahre nach der Erkrankung.
e) nach einer passiven Immunisierung.

A) Alle Aussagen sind richtig.
B) Nur Aussagen b und e sind richtig.
C) Nur Aussagen c und d sind richtig.
D) Nur Aussagen a, c und d sind richtig.
E) Nur Aussagen a, b, c und d sind richtig.

Antwort:

☒ Lösung D.

Eine **ÜBERTRAGUNG** von Krankheitserregern ist immer dann möglich, wenn die lokalen Abwehrmechanismen die Erreger nicht mehr in Schach halten können.

ⓐ Das ist beispielsweise der Fall in der 2. Hälfte der **INKUBATIONSZEIT** bei systemischen Erkrankungen.

ⓑ Wenn die klinischen Symptome manifest geworden sind, ist eine Weiterverbreitung von Keimen selbstverständlich **auch** möglich, *aber nicht „**nur**" in der Erkrankungszeit.*

ⓒ Bei manchen Erkrankungen können sich **AUSSCHEIDER** entwickeln. Diese Patienten sind klinisch wieder gesund, streuen aber nach wie vor Keime unters Volk.

ⓓ
- Bei manchen Krankheiten (*Diphtherie*) ist der Zeitraum begrenzt,
- bei anderen kann er Jahre dauern (*Salmonellen*).

ⓔ Eine **PASSIVE IMMUNISIERUNG** ist eine Gabe von **ANTIKÖRPERN** (*Hyperimmunseren, Gammaglobulinseren*). Man impft passiv, wenn der Patient bereits mit den Keimen in Berührung gekommen ist. Die Antikörper neutralisieren die eingedrungenen Keime, so daß es nicht zu Krankheitserscheinungen kommt.

➡ *Keime die neutralisiert sind, können nicht mehr anstecken.*

91) Was ist ein Virus?

Welche Erscheinungen verursacht es beim Menschen?

Antwort:

☒ Ein Virus ist eine infektiöse Einheit ohne eigenen Stoffwechsel.
☒ Ein Virus kann Infektionskrankheiten und Tumore hervorrufen.

Die extrazelluläre Erscheinungsform eines Virus besteht aus

① **NUKLEINSÄURE**.
Die Nukleinsäure kann entweder als **DNA**- oder als **RNA-STRANG** vorliegen, **DOPPELSTRÄNGIG** oder als **EINZELSTRANG**.

② **KAPSID**.
Das Kapsid ist zusammengesetzt aus relativ kleinen Einheiten von **EIWEISSEN** (***PROTEINEN***). Es ist sehr regelmäßig aufgebaut. Der Bauplan dieser Eiweiße ist in der Nukleinsäure gespeichert.

③ **ENVELOPE**.
Eventuell hat ein Virus noch einen Envelope, eine **MEMBRANSCHICHT**. Der Envelope ist für die Infektiösität des Virus verantwortlich.
Beim **EINDRINGEN IN DIE ZELLE** läßt das Virus das Kapsid und den Envelope draußen. Ein intrazelluläres Virus ist also nur ein Stück DNA oder RNA, und damit nicht mehr nachweisbar.

Viren können

- **INFEKTIONSKRANKHEITEN** hervorrufen,
- gutartige **TUMORE** (*Warzen*),
- **KREBS**,
- **LEUKÄMIEN** oder auch
- **INAPPARENTE INFEKTIONEN**.

Die Veränderungen im Zellteilungsverhalten (*Tumore, Krebs*) kommen dadurch zustande, daß sich ein Virus in ein Chromosom einschleusen kann.

Dadurch können bestimmte Gene in ihrer Aktivität verändert werden, z. B.

- die Zellteilungsgene,
- die Gene für die Zelldifferenzierung oder
- die Gene, die andere Zellen erkennen.

92) Welche Aussage/n ist/sind richtig?

Die Wirkung eines Desinfektionsmittels ist abhängig von ...

a) der Konzentration des Desinfektionsmittels.
b) der Einwirkdauer.
c) der Art der Aufbewahrung.
d) der Art der Bakterien.
e) der Luftfeuchtigkeit.

A) Alle Aussagen sind richtig.
B) Nur Aussagen a und b sind richtig.
C) Nur Aussage d ist richtig.
D) Nur Aussagen b, c und e sind richtig.
E) Keine Aussage ist richtig.

Antwort:

☒ Lösung B.

ⓐ Alle behördlich abgesegneten **DESINFEKTIONSMITTEL** sind so konzentriert, daß sie in optimaler Weise Mikroorganismen abtöten (*wenn sie auch nicht keimfrei machen*).
Konzentrierter Alkohol z. B. entzieht lediglich Wasser. Wenn man Alkohol in höherer Konzentration als vorgeschrieben verwenden würde, wäre der Alkohol verdunstet, bevor er die Bakterien schädigen kann.

ⓑ Deshalb ist nicht nur sondern auch

- die **CHEMISCHE SUBSTANZ** vorgeschrieben,
- die **KONZENTRATION** und
- die **EINWIRKDAUER**.

Prinzipiell kann man sagen, daß, je länger eine chemische Substanz einwirkt (sei's zur Desinfektion oder zur Sterilisation), desto wirkungsvoller ist sie. Bei der Einwirkdauer sind deshalb eigentlich ***MINDEST-EINWIRKZEITEN*** *angegeben.*

ⓒ Die **AUFBEWAHRUNG** von Desinfektionsflüssigkeiten hat, sofern keine groben Schnitzer passieren, nichts mit ihrer Wirkung zu tun. *Falls die chemische Substanz natürlich das Gefäß anlöst, oder falls das Gefäß nicht rückflussfrei ist, kann es zu Inaktivierungen, bzw. Kontaminationen kommen. Solange die üblichen Vorschriften zur Aufbewahrung chemischer Substanzen beachtet werden, ist dieser Punkt zu vernachlässigen.*

ⓓ Leider sind die meisten Desinfektionsmittel **NICHT SELEKTIV WIRKSAM**. Die meisten Desinfektionsmittel verringern einfach die **ANZAHL** der Bakterien, pathogene wie apathogene.
☞ Einige Bakterien sind besonders resistent gegen chemische Mittel (*Tuberkulosebakterien z. B.*), hier gelten besondere Desinfektionsvorschriften.

ⓔ Die **LUFTFEUCHTIGKEIT** hat bei der Desinfektion ebenfalls keinen Einfluß. **SPOREN** keimen zwar in feuchtem Milieu leichter als in trockenem, dieser Effekt ist aber nur bei der **STERILISATION** wichtig, nicht bei der **DESINFEKTION**.

93) Was ist ein Antitoxin?

Antwort:

☒ Ein Antitoxin ist ein Antikörper gegen ein Toxin.

Antikörper können

- gegen **BAKTERIENWÄNDE** gerichtet sein, oder
- gegen **STOFFWECHSELPRODUKTE** von Bakterien.

Die Antikörper, die gegen die Stoffwechselprodukte, die **EXOTOXINE**, gerichtet sind, heißen

- **ANTITOXINE**.

Bei bestimmten Infektionskrankheiten muß mit Antitoxinen **PASSIV IMMUNISIERT** werden, sofern kein ausreichender Impfschutz besteht. Vor allem bei

- Tetanus,
- Diphtherie oder
- Botulismus.

94) Ordnen Sie zu:

A)	Flächendesinfektion	**1)**	Erhitzen auf 80 °C
B)	Sterilisation	**2)**	Erhitzen auf 100 °C
C)	Pasteurisierung	**3)**	Erhitzen auf 180 °C
D)	Hautdesinfektion	**4)**	Verwendung von Phenolen
E)	Trinkwasserdesinfektion	**5)**	Verwendung von PVP-Jod

Antwort:

☒ A - 4
☒ B - 3
☒ C - 1
☒ D - 5
☒ E - 2

Wenn man bei dieser Frage unsicher ist, was, wohin gehört, ist es leicht möglich zu knobeln.

Ⓑ- ❸ Wie man **STERILISIERT**, wissen Sie: **180 °C**, 60 Minuten ohne Luftumwälzung.

Ⓒ- ❶ Die **PASTEURISIERUNG** ist ein kurzes **ERHITZEN** von beispielsweise Milch auf 50 °C bis 85 °C.

Ⓔ- ❷ Da **PHENOLE** oder Jod im Trinkwasser nichts zu suchen haben, bleibt eigentlich nur noch das Abkochen - Erhitzen auf **100 °C**.

Ⓐ- ❹ **PHENOLE** sind sehr giftig und ätzend, so daß sie sich auf der Haut auch nicht so gut machen; *damit bleibt die **FLÄCHENDESINFEKTION** übrig.*

Ⓓ- ❺ **JOD** als **HAUTDESINFEKTIONSMITTEL** ist vorstellbar.
Jod allergisiert zwar, macht aber keine direkten Hautschäden.

95) Was versteht man unter Viruspersistenz?

Antwort:

☒ Viruspersistenz bedeutet, daß der Organismus das Virus nicht vollständig inaktivieren kann.

Virusinfektionen können einen sehr unterschiedlichen Verlauf nehmen. Man unterscheidet:

❶ Die **LOKALE INFEKTION.**
*Beispiel: **RHINOVIREN** in der Nase beim unkomplizierten Schnupfen. Bei der lokalen Infektion kommt es zur horizontalen Ausbreitung des Virus in der Schleimhaut.*

❷ Die **GENERALISIERTE INFEKTION.**

Die generalisierte Infektion verläuft in bestimmten Stadien:

- die **LOKALE VIRUSVERMEHRUNG** an der Eintrittspforte,
- die **EINSCHWEMMUNG** der Viren ins Blut (***VIRÄMIE***),
- eine weitere **VERMEHRUNG** der Viren in verschiedenen Organen,
- und eine **2. VIRÄMIE.**

Diese Stadien gehören alle noch zur **INKUBATIONSZEIT**, denn erst ab der 2. Virämie kommt es zu einer Absiedlung in bestimmten Organen mit Ausbildung **SPEZIFISCHER** klinischer Symptome.

❸ Die **VIRUSPERSISTENZ**.

Bei der Viruspersistenz ist das Virus ständig im Körper. Es wird nicht vollständig eliminiert.

Die klinische Ausprägung kann sein

- eine **CHRONISCHE MANIFESTE** Infektion,
- eine **CHRONISCHE INAPPARENTE** Infektion,
- oder eine sogenannte **LATENTE** Infektion, bei der das Virus sich in das Genom der Wirtszelle integriert hat und jederzeit reaktiviert werden kann.

☞ *Beispiel: **HERPES LABIALIS, HERPES ZOSTER**.*

❹ Überschießende **REAKTION DES EIGENEN IMMUNSYSTEMS** nach Virusstimulation.

Etliche Krankheitserscheinungen, die bei viralen Infektionen auftreten, sind durch das körpereigene Immunsystem verursacht, beispielsweise

- **EXANTHEME** (*Hautausschläge*),
- **ENCEPHALITIDEN** (*Gehirnentzündungen*) oder auch eine
- **HEPATITIS**.

Wenn Sie in der Praxis Patienten mit chronischen Infektionserkrankungen haben, greifen Sie nicht als erstes zu Immunstimulantien (Echinacea, Thuja, etc.), sondern zum Lehrbuch und machen Sie sich klar, ob die Krankheitserscheinungen wirklich von Mikroorganismen oder vom Immunsystem verursacht werden.

☞ *Falls Sie sich nämlich irren, werden Sie Ihr blaues Wunder an Symptomexplosion erleben; dabei handelt es sich aber dann nicht um eine therapeutische Erstverschlimmerung!*

96) Was ist der Unterschied zwischen einer Lokalinfektion und einer Allgemeininfektion?

Antwort:

☒ Bei einer Lokalinfektion sind die Erreger auf einen Ort beschränkt,
☒ bei der Allgemeininfektion kommt es zu einem Einschwemmen der Erreger ins Blut und anschließend zur Organmanifestation.

- Bei einer **LOKALINFEKTION** sitzen die Erreger meist lediglich an **EINER** Stelle des Körpers. Die Keime haben meist nicht einmal eine besonders große Ausbreitungstendenz. Aber sie produzieren **EXOTOXINE** - je mehr Bakterien vorhanden sind, umso höher ist die Toxinproduktion.

  Diese Toxine können sich dann im ganzen Körper ausbreiten, und, obwohl die Infektion relativ harmlos ist, zu einer, im Extremfall tödlichen **INTOXIKATION** führen.

☞ *Beispiele: Tetanus, Gasbrand, Diphtherie;*
harmlosere Varianten: Angina tonsillaris, Abszesse oder die Gonorrhoe.

☠ Falls Erreger einer Lokalinfektion nicht mehr auf ihrem Platz gehalten werden können, und sie in die Blutbahn einbrechen, nennt man das eine **SEPSIS**. Die klinischen Erscheinungen einer Sepsis sind nicht erregertypisch. Klinische Hinweise sind die hohen Temperaturschwankungen.

🕮 **siehe Frage # 61**

- Eine **ALLGEMEININFEKTION** ist gekennzeichnet durch eine

  - **INKUBATIONSZEIT**, während der sich die Erreger in den lymphatischen Geweben vermehren, durch ein
  - **GENERALISATIONSSTADIUM** (*Bakteriämie, Virämie*), das durch **FIEBER** gekennzeichnet ist, und schließlich durch die
  - **ABSIEDLUNG DER ERREGER** in einigen Organen (***ORGANMANIFESTATION***).

    Eine Allgemeininfektion führt deshalb zu spezifischen (*definierten*) klinischen Symptomen.

97) Ein Patient mit AIDS bekommt eine Pneumocystis-carinii-Pneumonie.

Wie lange ist die Inkubationszeit der Pneumonie?

A) 1 Woche
B) mehrere Jahre
C) unterschiedlich
D) keine Aussage ist richtig.

Antwort:

☒ Lösung D.

Die **INKUBATIONSZEIT** ist die Zeit

- zwischen Aufnahme der Erreger und
- der klinischen Manifestation der Erkrankung.

Falls es sich um eine sogenannte **ENDOGENE INFEKTION** handelt, falls es sich also

- um einen Erreger der Haut-/Schleimhautflora,
- um einen **OPPORTUNISTISCHEN KEIM**,
- um einen **FAKULTATIV PATHOGENEN KEIM** handelt, wird der Erreger nicht **AUFGENOMMEN**.

☞ Er ist ja bereits **VORHANDEN**.

Im Fall einer endogenen Infektion hat man **KEINE INKUBATIONSZEIT**.

☞ *Weitere Beispiele: E. coli-Pneumonie, postprimäre Tbc oder Fieberbläschen (Herpes labialis).*

98) Was ist eine Zoonose?

Antwort:

☒ Zoonosen sind Infektionserkrankungen, an denen sowohl Tiere als auch Menschen erkranken können.

Einige Erreger befallen sowohl Menschen als auch Tiere.

Genau wie beim Menschen kann es nach Verschwinden der klinischen Symptome auch beim Tier zu **AUSSCHEIDERN** kommen.

Diesen Tieren fehlt nichts, sie streuen aber ständig Erreger. Falls die Erreger sich z. B. auch noch in der **MILCH** vermehren, kann es zu kleinen Epidemien kommen.

§§ Unter den meldepflichtigen Erkrankungen sind etliche Zoonosen:

- Pest,
- Salmonellose,
- Leptospirosen,
- Tularämie,
- Ornithose,
- Brucellosen oder
- Milzbrand.

🕮 **siehe Amtsarztfragen INFEKTIONSKRANKHEITEN**

99) Nennen Sie 3 Verfahren zur Identifikation von Bakterien!

Antwort:

☒ die Färbemethode,
☒ die Kulturmethode,
☒ die Serologie.

Um Bakterien nachzuweisen, hat man mehrere Möglichkeiten:

❶ **MIKROSKOPISCHE VERFAHREN.**

Manche Keime sieht man bereits ohne Färbung unterm Mikroskop. Ansonsten kann man die Färbemethode nach

- **GRAM** oder nach
- **ZIEHL-NEELSEN**

anwenden, um Aussagen über die Zellwand zu erhalten.

❷ **KULTURVERFAHREN.**

Man kann Keime auf sogenannten Agarplatten bebrüten. Anhand der

- Form und
- Farbe der wachsenden Bakterienkolonien und
- anhand der Ansprüche, die der Keim an das Nährmedium stellt,

kann man die, in Frage kommenden Keime eingrenzen.

❸ Eine **GENAUE AUSSAGE** über den Keim kann man nur **SEROLOGISCH** stellen.
Es gibt eine Reihe von Antikörperreaktionen, die den Keim exakt identifizieren.
Das Prinzip beruht auf der Tatsache, daß Antikörper wie ein „Schlüssel zum Schloß" passen, also „ihr" Antigen (*„ihr" Bakterium*) genau identifizieren können.

100) Welche Aussage/n ist/sind richtig?

Bei Laborarbeiten ...

a) sollen grundsätzlich Handschuhe getragen werden.
b) sollte man nicht rauchen.
c) sollte man nicht essen.
d) sollte das Labor nach jedem Arbeitstag gründlich sterilisiert werden.
e) sollte eventuell Mundschutz und Augenschutz getragen werden.

A) Alle Aussagen sind richtig.
B) Nur Aussagen a, b, c und e sind richtig.
C) Nur Aussagen a, d und e sind richtig.
D) Nur Aussagen b und c sind richtig.
E) Nur Aussage a ist richtig.

Antwort:

☒ Lösung B.

ⓓ *Na, mittlerweile wissen Sie aber den Unterschied zwischen Sterilisation und Desinfektion, oder? Wenn nicht, zurück auf* ***Frage # 25*** *und eine Strafrunde!*

ⓐ Bei allen **LABORARBEITEN** (*BKS, Urinkontrolle, Blutwerte*) müssen **HANDSCHUHE** getragen werden, am besten auch **SCHUTZKLEIDUNG** (*desinfizierbare Kleidung*).

ⓔ Wenn die Möglichkeit besteht, daß Spritzer entstehen, sollte **AUGENSCHUTZ** und **MUNDSCHUTZ** getragen werden.

Die Laborvorschriften zielen alle darauf ab, daß man möglichst nicht mit dem Patientenmaterial direkt in Kontakt kommt.

ⓑ ● Eine Zigarette im Labor oder
ⓒ ● etwas zum Essen

sind ideale Medien für eine **INDIREKTE KEIMÜBERTRAGUNG**; sie sind deshalb verboten.
Wenn nichts anderes hilft, wäre die Labortätigkeit vielleicht eine Methode, sich das Rauchen abzugewöhnen.
Genauso untersagt ist es, seine Vesper im **LABORKÜHLSCHRANK** aufzubewahren. Abgesehen von den Verwechslungsmöglichkeiten, ist eine Kontaminationsgefahr für die medizinischen Präparate gegeben.

☞ *Falls Sie später Angestellte haben, müssen* ***SIE*** *darauf achten, daß diese Vorschriften eingehalten werden.*

INHALTSVERZEICHNIS

Symbole

A

E

F

I

L

M

N

O

P

Ad finitum ...

Freunde und Sympathisanten unseres Verlags, ich muß ganz offen sagen, ich bin überwältigt von der Flut der An- und Nachfragen, die über uns hereingebrochen ist. Ein paar Dinge, die ich kurz ansprechen will, bevor es zum nächsten Buch geht,

❶ **Bitte, wenn möglich bei Anfragen o. ä. eine Telefonnummer angeben. Rein schriftliche Anfragen haben schlechte Karten. Ich komme nicht dazu schriftlich zu antworten.**

❷ **Umseitig sind unsere Stammhändler, bei denen unsere Bücher ausliegen sollten. Wenn nicht, nachfragen. Entweder der Titel ist vergriffen (*was nicht mehr vorkommen soll!*) oder ausverkauft. Es kann sein, daß die zuständige Kraft im Urlaub ist oder krank etc., jedenfalls sollten Sie bitte nachhaken oder bestellen.**

❸ **Damit wir uns verstärkt um neue Bücher kümmern können, werden wir den Vertrieb abgeben. Die Direktbestellungen bitte in Zukunft an Herrn Brockmann aus der umseitigen Liste unter**

Er-Leben, Bernd Brockmann, Rudolfstr. 2, 32584 Löhne.

❹ **Unsere Telefonseelsorge ist für Sie nach wie vor erreichbar. Die Betreuung sowie der Fragenservice bleibt Ihnen also erhalten.**

❺ **Die Seminare für das nächste Jahr stehen auf den folgenden Seiten. Hoffentlich ist in Ihrer Nähe was dabei, wir werden uns jedenfalls noch mehr bemühen, Ihnen bei Ihrer Prüfung behilflich zu sein.**

❻ **Das Lehrbuch ist nicht vergessen, ebenso wie die anderen Titel.
Dafür gibt es, sobald ich dazu komme wieder ein Verlagsprogramm, aber erst sind die Bücher fällig.**

❼ **Das neue Schulprogramm kommt auch (*fertig ist es schon*) in ca. einem Monat.**

Also, auf bald ....

Karl-Heinz Herzog

Paukkurse 95
Der Nürnberger Trichter:

10.4. - 14.4 und 18.4. (*Die*) - 21.4.

für DM 980.- (*in unserer Schule in Fürth*)

Wie in diesem, so auch im nächsten Jahr, werden die prüfungsrelevanten Themen durchgepaukt. Sicher nicht zur Erholung geeignet, auch wenn wir's Ihnen so angenehm wie möglich machen wollen. Das Motto dieser zwei Wochen sollte deshalb auch lauten:

"*die nächsten Fragen stellt der Amtsarzt*".

Unser Tip deshalb: Paukkurs - Prüfung - Urlaub.

Unsere treuen Anhänger wollen wir dabei natürlich nicht vergessen.

- Wer also das enorme Wissen von Frau Dr. Rommelfanger live erleben möchte,
- wer Antworten auf Fragen sucht, die ihm bisher niemand beantworten konnte, kurz,
- wer also möchte, daß ihm der sprichwörtliche Seifensieder aufgeht ,

○ wem aber bisher die Entfernung zu groß war,

der ist natürlich ebenfalls herzlich eingeladen. In diesem Fall unser Tip: Paukkurs - Urlaub.

Übernachtungsmöglichkeiten können wir vermitteln, ansonsten hatten viele unserer letzten Teilnehmer Freunde und Verwandte in der Gegend, die sie schon lange mal besuchen wollten. Dies wäre eine Gelegenheit.

Die Blitz-Trichter Kurse:

Stuttgart
10.6. und 11.6.

München
15.6. und 16.6.

Wuppertal
4.11. und 5.11.

jeweils DM 350.-
(*Tagesverpflegung incl.*)

Infos und Anmeldungen bitte an die Verlagsadresse
siehe Umschlag.

Die Blitzkurse sind hinsichtlich des Zeitdrucks und der neuen Prüfungsordnung stark auf Differentialdiagnostische Probleme zugeschnitten. Es wird, ebenso wie im großen Paukkurs, auf prüfungsrelevante Gebiete eingegangen. Wenn Ihre Anmeldung rechtzeitig genug eingeht und Sie uns rechtzeitig genug Ihr zuständiges Gesundheitsamt mitteilen, können wir eventuell auf Ihre speziellen Schwerpunkte Rücksicht nehmen.

Deshalb noch einmal, in Ihrem eigenen Interesse,
MELDEN SIE SICH RECHTZEITIG AN.
Die Teilnehmeranzahl ist begrenzt und es ist unheimlich deprimierend völlig verzweifelten Schülern erklären zu müssen, daß beim besten Willen kein Platz mehr frei ist. Die Paukkurse haben einen enormen Andrang und sind teilweise Wochen vorher ausgebucht.
Also: wer zuerst kommt und mit Anzahlung bucht ...

STAMMBUCHHANDLUNGEN

Aachen Pontstr. 66 - 68	Buchhandlung	Augustinus
Augsburg Karolinenstraße 12	Buchhandlung	Pustet
Berlin Friedrichstr. 128	Buchhandlung	J.F.Lehmanns
Berlin Hardenbergstr. 11	Buchhandlung	J.F.Lehmanns
Berlin Hindenburgdamm 95b	Buchhandlung	Thieme & Frohberg
Bielefeld Oberntorwall 23	Buchhandlung	Phönix
Bochum-Querenburg Universitätsstr. 140	Buchhandlung	Brockmeyer
Bonn Am Hof 5a	Buchhandlung	Behrendt
Bonn Am Hof 32	Buchhandlung	Bouvier
Bonn Königstraße 89	Buchhandlung	James Zowe
Braunschweig Neue Straße 23	Buchhandlung	Graff
Deggendorf Gaisberger Str. 24	Datenservice	Dorn
Dortmund Westenhellweg 9	Buchhandlung	Krüger
Duisburg Königstraße 80	Buchhandlung	Braun'sche
Düsseldorf Friedrichstraße 24-26	Buchhandlung	Stern Verlag Janssen & Co
Erlangen Universitätsstr. 16	Buchhandlung	Mencke & Blaesing
Erlangen Untere Karlstraße 9 - 11	Buchhandlung	Rudolf Merkel
Essen Kettwiger Straße 35	Buchhandlung	Baedeker

STAMMBUCHHANDLUNGEN

Essen Buchhandlung Brockmeyer
Robert-Koch-Straße 12
Frankfurt Buchhandlung Alt
Gartenstraße 134
Frankfurt Buchhandlung Hugendubel
Aug.-Schanz-Str. 33
Frankfurt Medizin am Klinikum Friederike Jung
Gartenstr. 177
Freiburg Buchhandlung Hans Ferdinand Schulz
Friedrichring 13
Gießen Buchhandlung J. F. Lehmanns
Frankfurter Straße 42
Göttingen Buchhandlung Deuerlich
Weender Straße 33
Halle Buchhandlung J. F. Lehmanns
Universitätsring 7
Hamburg Buchhandlung J.F. Lehmanns
Hermannstraße 17
Hamburg Buchhandlung Otto Spatz
Curschmannstr. 24
Hannover Buchhandlung Schmorl & v. Seefeld
Bahnhofstr. 14
Heidelberg Buchhandlung Haug
Bergheimer Sr. 102
Jena Jenaer Uni-Buchhandlung Dr. K. Mattäus
Schloßgasse 3/4
Karlsruhe Buchhandlung Buchkaiser
Kaiserstraße 199
Kassel Buchhandlung Freyschmidt
Obere Königstraße 23
Kaufbeuren Buchhandlung Edele
Salzmarkt 14
Kempten Buchhandlung Dannheimer
Bahnhofstr. 4
Kiel Buchhandlung Brunswiker
Brunswiker Str. 23-25

STAMMBUCHHANDLUNGEN

Kiel	Buchhandlung	Mühlau
Holtenauer Str. 116		
Koblenz	Buchhandlung	Reuffel
Löhrstraße 92		
Köln	Buchhandlung	Bouvier
Edsel-Ford-str. 26		
Köln	Buchhandlung	Gonski
Neumarkt 18a		
Köln	Buchhandlung	J.F. Lehmanns
Kerpener Straße 75		
Löhne	Versandbuchhandlung	Er - Leben
Rudolfstr. 2		
Mainz	Buchhandlung	J. F. Lehmanns
Binger Str. 18		
Mainz	Buchhandlung	Johann Gutenberg
An der Universität		
Mannheim	Buchhandlung	Prinz
T 1		
Mannheim	Buchhandlung	Tobias Löffler
B1, 5 Breite Straße		
München	Buchhandlung	Hugendubel
Marienplatz		
München	Buchhandlung	Hugendubel
am Stachus		
München	Buchhandlung	J.F. Lehmanns
Pettenkofer Str. 18		
München	Buchhandlung	Müller & Steinicke
Lindwurmstr. 21		
München	Buchhandlung	Otto Spatz
Schillerstr. 51		
Münster	Buchhandlung	J.F. Lehmanns
Hufferstraße 69		
Münster	Buchhandlung	Regensberg
Alter Steinweg 1		
Nürnberg	Buchhandlung	Büttner
Adlerstraße 10 - 12		

STAMMBUCHHANDLUNGEN

Nürnberg Ludwigsplatz 1	Buchhandlung	Hugendubel
Osnabrück Domhof 6	Buchhandlung	Jonscher
Regensburg Gesandtenstraße 6-8	Buchhandlung	Pustet
Regensburg Obere Bachgasse 21	Buchhandlung	Universum
Straubing Theresienplatz 41	Buchhandlung	Pustet
Stuttgart Königstraße 30	Buchhandlung	Wittwer
Überlingen Turmgasse 8	Buchhandlung	Plassmann
Ulm Wengengasse 27	Buchhandlung	J.F. Lehmanns
Villingen Schuberstr. 37	Versandbuchhandlung	Ingrid Struß
Wiesbaden Friedrichstr. 39	Fachbuchhandlung	Bräuer
Würzburg Schmalzmarkt 12	Buchhandlung	Hugendubel
Würzburg Textorstraße 4	Buchhandlung	Knodt